Twelve Scientific Theories

【図解】科学12の大理論

矢沢サイエンスオフィス 編著

ONE PUBLISHING

はじめに

科学理論と聞くと誰でも、その客観性や妥当性に疑問を抱くことなく受け入れがちです。それらはすでに実験や観測によって証明されているので、その理論を用いれば物事の本質を予言したり説明したりできると思いたいからかもしれません。

しかし、機械装置などについての工学的理論は別として、自然界に関する理論で全的に正しいものは残念ながら存在しないと言わねばなりません。それらはどれも結構よいところまでいっているものの、すべてＯＫというレベルに達してはいないからです。もし真に正しい究極の理論があるなら、それひとつで、この世界、この宇宙をすべて説明できるはずですが、そうした理論は存在しません。

本書は、この時代に生きるわれわれが手にしている自然界と人間界についての主要な理論を12本ほど選び出し、その由来から始めて簡潔に物語ろうとしています。

科学理論の代表はたしかに、ニュートンの古典的理論やアインシュタインの相対性理論、ちょっとやっかいな量子論などです。しかし人間社会を動かしてきたのはそれらだけではありません。地球生物はどこからやってきて、その中から人間はどのように出現したのか、科学的社会主義（共産主義）と呼ばれる考え方が人間社会の在りようを託すに足りるのか（歴史的には1億人もの人々を

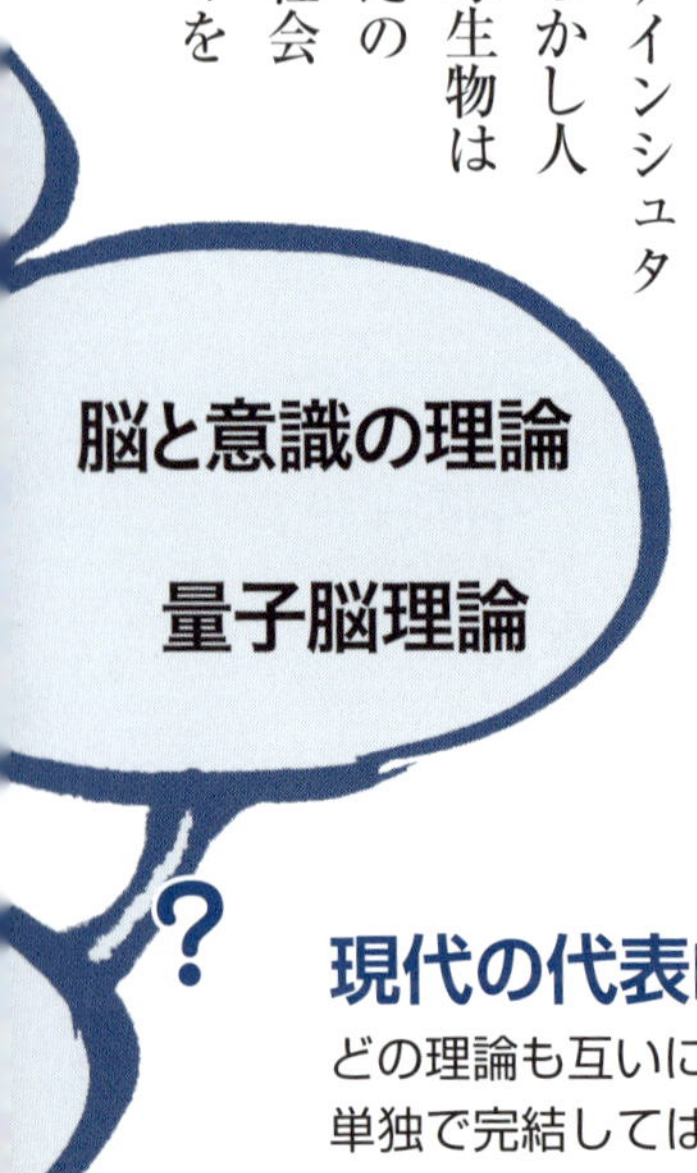

現代の代表的理論の相関図

どの理論も互いに多かれ少なかれ部分的に重なり合っており、
単独で完結してはいないことを示しています。

死に追いやった）、人間が自らの生殖力に突き動かされて人口が増えていけばついには絶滅に至るのか――

すべて物事は科学的な手法で考察し、客観的に理論化していく必要があります。そうでなければ人間は、ただ互いの狭い見方をぶつけ合って争い続ける以外に未来がないからです。他方、少なくともこうした理論を合計すれば、われわれは自然界の真実に相当に近づくことはできるはずです。

本書は、人間が生きる指針とすべきこれらの理論に注目するだけでなく、あまり日常目に止まらないであろう理論にも目を向けています。それは、人間の活動領域を率先して宇宙空間に導こうとする男イーロン・マスクの仕事、そしてこれとは一見して真反対に、人類文明の表裏を象徴する理論として日々身近に迫ってきている原爆や水爆の物理的、工学的な理論にも注目します。

これらの理論を広く知ることは、私たちが今日と明日の人間社会をより深く考察する手がかりになるはずです。

２０１８年初秋　矢沢　潔

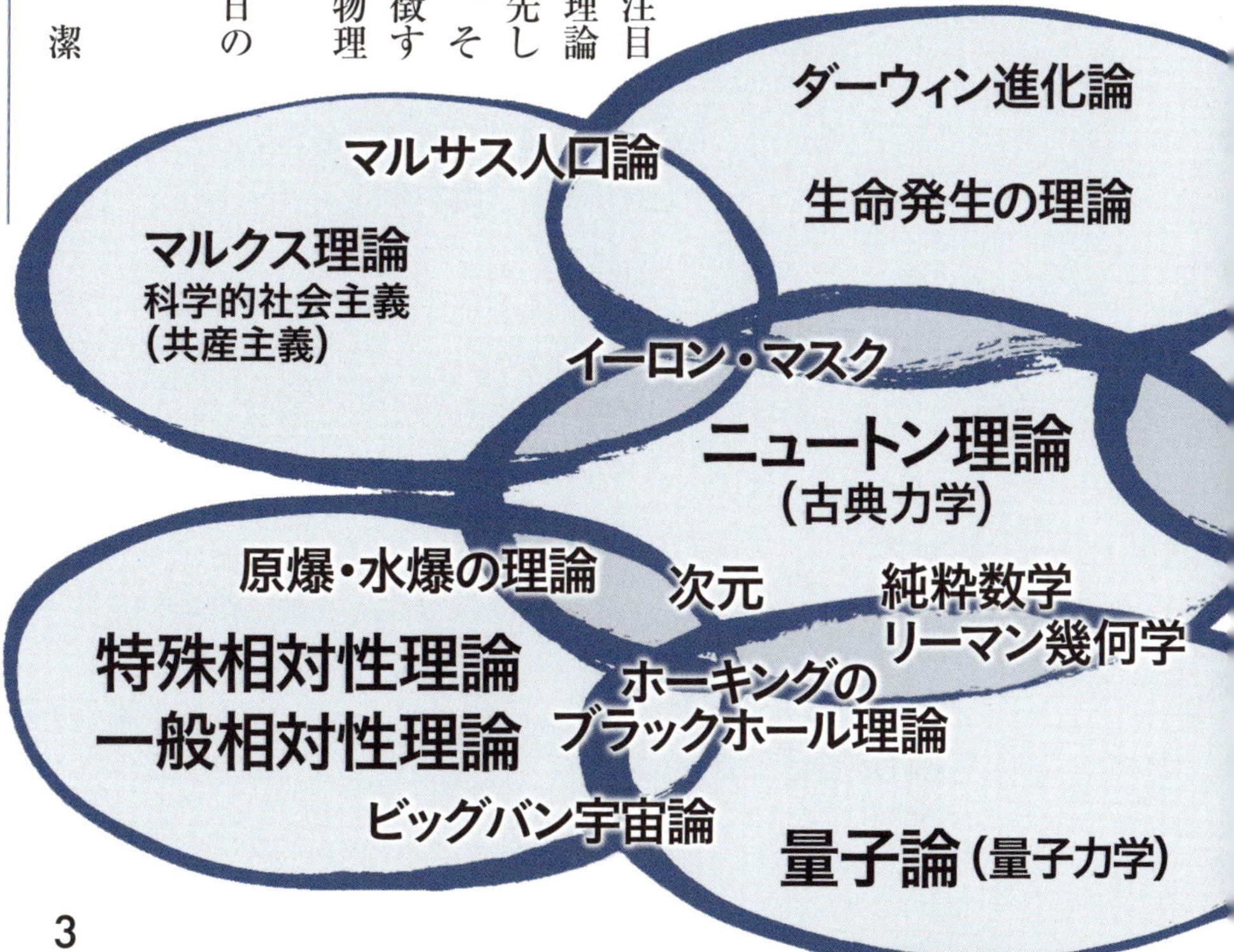

目次

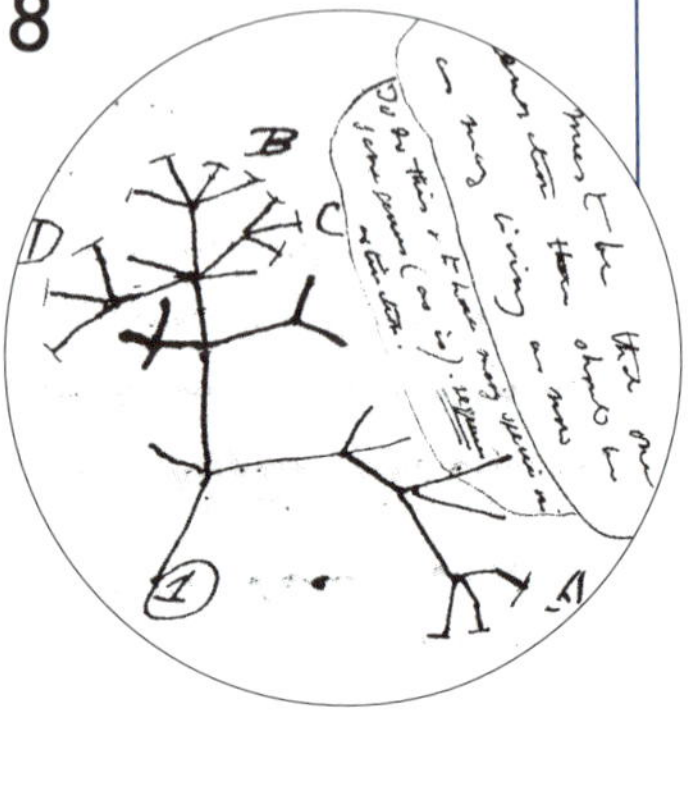

CONTENTS ＊ Twelve Scientific Theories

写真・図／ Elliott & Fry、Friedrich Karl Wunder、George Lester、SpaceX 、NASA

科学12の大理論

第1章

ニュートンと古典力学

「ニュートン力学」がいまも最新である理由

◆◆◆ロンドンを燃やし尽くした炎

1666年9月、イギリスの**ロンドンで大火災**が発生した。パン屋から出た火は折からの強風にあおられて飛び火し、過密なシティ（ロンドン中心部）がたちまち炎に包まれた（**図1－1**）。

消火活動がまったく追いつかないまま、火は4日間燃えさかった。7世紀に建造されたセントポール寺院も、人々が恐怖におののいて見守る中ではげしく燃え上がり、ついには崩壊した。このとき焼失もしくは延焼を防ぐために取り壊された住宅は**全家屋の85％**にのぼった。

前年のペストの大流行によってロンドンでは**人口の6分の1にあたる7万人（おそらく実際には10万人以上）が死んでおり**、この大火は、すでに疲弊しきっていたこの都市にさら

図1-1 ⬇ロンドンを焼き尽くした1666年の大火。

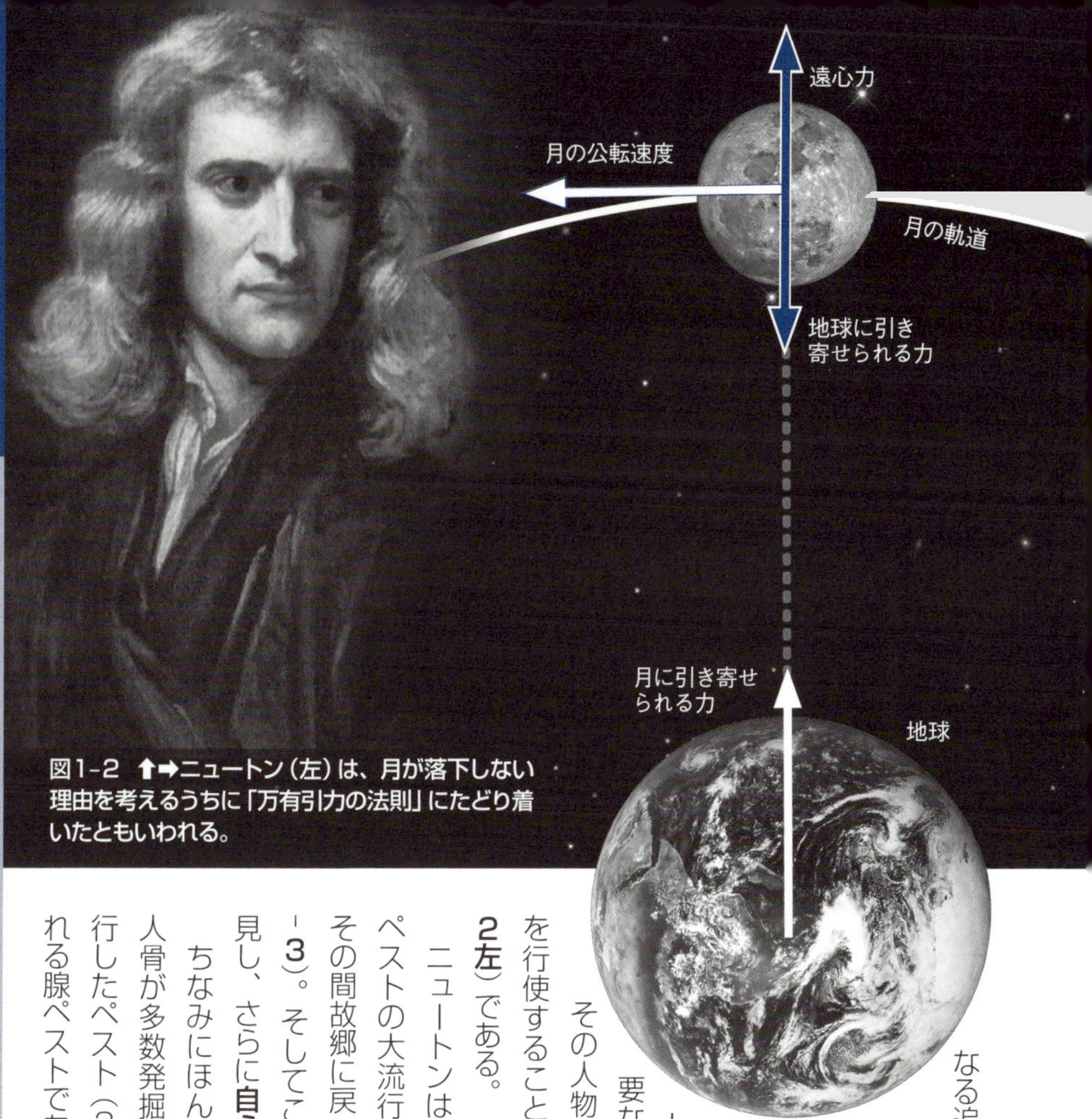

図1-2 ⬆➡ニュートン（左）は、月が落下しない理由を考えるうちに「万有引力の法則」にたどり着いたともいわれる。

なる追い討ちをかけた。

だが焼け野原となったロンドンは、この災難を経験したがゆえに、その後狭い道幅が広げられ、家屋は石造りとなり、衛生環境が改善される契機ともなった。

ロンドンがこうした破壊と創造を経験している影で、まったく別の〝きわめて重要な創造〟が、ある人物によって進んでいた。

その人物とは、後の人類社会に途方もない影響力を行使することになる**アイザック・ニュートン**（**図1-2左**）である。

ニュートンは当時ケンブリッジ大学で研究していたが、ペストの大流行で大学が長期にわたって閉鎖されたため、その間故郷に戻って自ら研究を続けていた（11ページ**図1-3**）。そしてこの長期休暇中に、**「万有引力の法則」**を発見し、さらに**自らの力学大系**を築き上げたのである。

ちなみにほんの数年前のロンドンで、当時の犠牲者の人骨が多数発掘され、その調査から、1665年に大流行したペスト（3種類に分かれる）が、ノミなどに媒介される腺ペストであったことが明らかになった。

◆◆◆ペスト大流行の中で生まれた力学

いまだ20代前半であったニュートンが、自宅でどのようにして万有引力の法則を発見したのかは明らかではない。誰でも伝え聞くのはリンゴのエピソードであろう。

ニュートンが果樹園で考え事をしていたとき、目の前にリンゴが落ちた。リンゴや木々の葉、投げ上げた石はすぐに地上に落下する。だが月はいくら眺めていても落ちてこない。なぜなのか?

彼は、月が地球に引きつけられる力と、月が地球のまわりをめぐるときに生じる遠心力が釣り合っているためだと考えた。月が地球に引きつけられる力は、太陽のまわりを公転する地球などの惑星が太陽に引きつけられる力でもある。つまり、**あらゆる物体は他の物体を引きつける**（＝双方が引きつけ合う）に違いない。これは、どんな物体にも作用する引力、すなわち「**万有引力**[*1]」が存在するためだ——ニュートンはこう考えたというのだ。

このエピソードについて、18世紀の大数学者**カール・フリードリヒ・ガウス**はこう解説している——「万有引力をどうやって思いついたのかとしつこく尋ねる者たちを追い払うために彼がひねり出したのさ」と。

当時すでにニュートンは、**ユークリッドやデカルト**[*2]**の幾何学**を自在に使いこなし、**ガリレオ・ガリレイの天体観測やピサの斜塔での落下実験**などに通じていた。おそらく**ヨハネス・ケプラーによる惑星運動の3法則**[*3]も知っていたはずである。したがって彼が、彼以前の科学者（自然哲学者）が頭を悩ませ、ときには教会による**宗教的弾圧の原因となった惑星運動**に魅了されたとしても不思議はない。

ニュートンは1664年に地球の近くを通過した**彗星の観測記録**をつけており、その運動に特別の関心を抱いてもいた。ガウスが見るところでは、ニュートンの万有引力の法則は、こうした天体の運

*1　万有引力は、離れた物体から物体へと一瞬で伝わる「遠隔作用」とみなされることが多い。しかし、19世紀の数学者ベルンハルト・リーマンによれば、ニュートン自身は万有引力を隣り合った物体から物体へと順次伝わっていく「近接作用」で説明する方法を探っていたという。

*2　**ルネ・デカルト（1596〜1650年）**
〝近代哲学の父〟と呼ばれるフランスの数学者・哲学者。軍人を退役後、オランダの王女やスウェーデンの女王に教師として仕えた。1637年、科学的な真理を追究する手法についての『方法叙説』で、座標の概念や幾何学を代数的に扱う解析幾何学を発表した。

*3　**惑星運動の3法則**
ドイツの天文学者ヨハネス・ケプラーは師のティコ・ブラーエが残した膨大な観測データをもとに惑星の運動について以下の3つの法則を導き出した。①惑星は太陽を焦点のひとつとする楕円上を運動する（第1法則）。②惑星の公転軌道の面積速度は一定（第2法則）。③惑星の軌道長

図1-3 ⬅ケンブリッジ大学がペストの流行によって閉鎖された期間、ニュートンは故郷のウールズソープ（イングランド東部）に戻って研究を続け、万有引力の法則や力学の3法則を見いだした。

写真／Hel-hama

動や数学的研究の成果として生み出されたのである。

　きっかけが何であれ、新しい科学理論は単なるアイディアや着想だけからは生まれない。ニュートンは、あらゆるものを動かす〝力〟の本質が何であれ、まずそれがどのように作用するかを求め、惑星運動や天体観測の結果に力がどう関係しているのかを見いだそうと考えた。それが明らかになれば、彼の万有引力の法則が証明されたことになる。

　ニュートンは、これらの問題と取り組むために、先人の数学者たちが開拓した方程式を用いる必要はなかった。というのも、彼自身が傑出した数学者であったため、運動や力を数学的に示す方法を自分で見つければよかったからだ。そればかりか彼は、数学的手法を考える過程で「**微分**」と「**積分**」を新たに生み出してしまったほどであった。微分と積分はいまでは高校の授業科目であり、また実社会のあらゆる産業分野などで解析ツールとして不可欠となっている。

半径の3乗と公転周期の2乗の比は、惑星によらず一定（第3法則）。

◆◆◆20年も秘匿した「万有引力の法則」

　しかし彼は、万有引力の法則をすぐには発表しなかった。必ずわき起こるであろう論争を避けるためとも、教授や他の学生たちが敵意や嫉妬を抱くことを怖れたためともいわれる。当時ニュートンは学位を取得したばかりのいわば新人で、周囲を敵にまわしたくはなかった。

　だがもっと実際的な理由があった。積分で解けない問題があり、しかもまだ地球の半径や惑星軌道などについての観測データの精度が低く、完全な証明ができなかったのである。ともかくニュートンは、この偉大きわまる万有引力の法則を20年間も秘匿したのである。

　彼がついに自ら生み出したこの法則を世間に発表すると

図1-4 逆2乗の法則

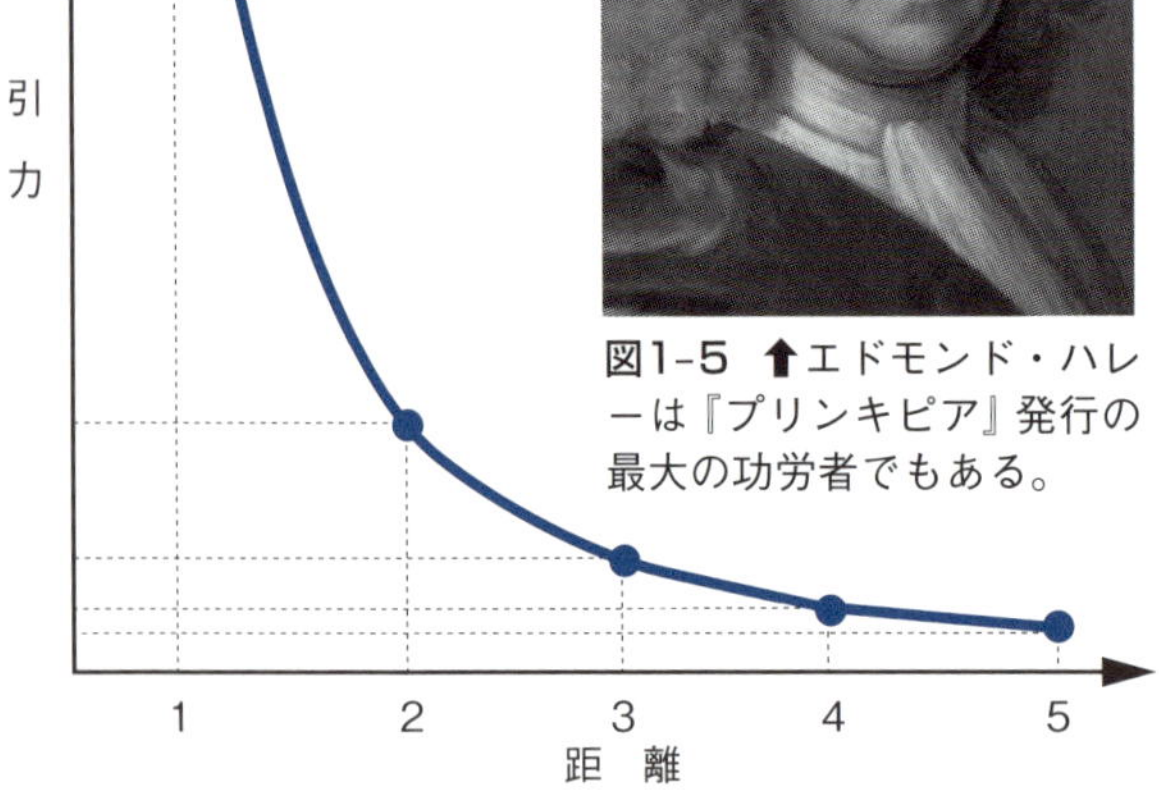

⬆惑星と太陽が引きつけ合う力が距離の２乗に反比例する（逆２乗の法則）ことにフックやレン、ハレーも気づいた。

図1-5 ⬆エドモンド・ハレーは『プリンキピア』発行の最大の功労者でもある。

きがやってきた。発表を後押ししたもの——それはある彗星の地球への接近であった。

◆◆◆ハレー彗星は楕円軌道を描いた

1680年とその2年後の82年に、続けざまに**彗星**が飛来した。夜空に突如現れて長い尾をひく彗星は、当時の多くの天文学者や愛好家を魅了しないではおかなかった。彼らは夢中になって彗星を追いかけ、その軌道を突き止めようとした。

その中に、ニュートンよりひとまわり年下の天文学者**エドモンド・ハレー**（図1-5）がいた。彼は2つ目の彗星（後に「**ハレー彗星**」と命名される）*4の軌道は、惑星軌道と同様に**楕円**をなしていると考えていた。また彼はケプラーの法則から、彗星や惑星は太陽に引きつけられており、その力、すなわち引力の大きさは「距離の2乗に反比例する（**逆2乗の法則**）」（**図1-4**）と結論した。

あるときハレーはこの問題について、ロンドン大火後に街の再建の陣頭指揮をとった建築家で数学者の**クリストファー・レン**と、レンの復興の助手を務めた物理学者**ロバート・フック**とコーヒーハウス*5で話し合っていた。彼らもそれぞれ独自に逆2乗の法則を見いだしていた。フック

*4 **ハレー彗星**
ハレーはニュートンの軌道研究を参考にし、1682年の彗星は、1531年、1607年に出現した彗星と同一と推測した。なお1680年に出現したキルヒ彗星は非常に明るく、日中でも観察できた。

*5 **コーヒーハウス**
東インド会社のコーヒー豆輸入によりイギリスにコーヒーが嗜好飲料として広まり、ロンドンでは多くのコーヒーハウスが生まれた。これらの店は人々が打ち合わせや情報交換の場として利用した。1687年頃には24時間営業のチェーン店〝ロイズ〟も登場し、船舶情報交換の場から海上保険組織へと成長した。現在のロイズ保険の前身である。

図1-6　**力学の3法則**

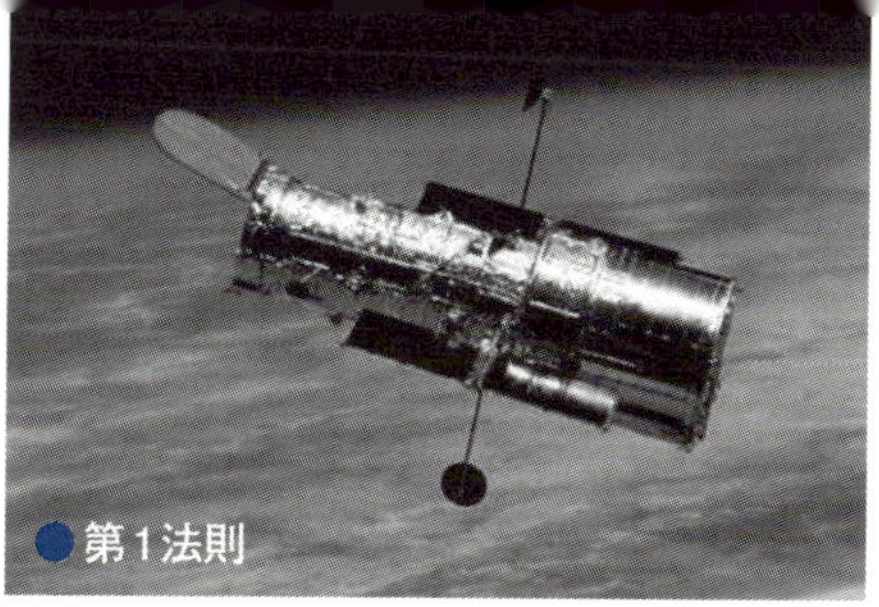

⬆人工衛星はいったん打ち上げられた後は、力を与えられなくても慣性の法則によって飛び続ける。写真はハッブル宇宙望遠鏡。写真／NASA

⬆物体に力を与え続けると、摩擦や抵抗がなければ、物体は力の大きさに比例して力の方向に加速してくいく。

⬆AがBを強い力で攻撃しても（作用）、AはBから同じ大きさの力を受ける（反作用）。　図／十里木トラリ

は自分はそれを証明できると得意気に話したが、いつになっても証明してみせなかった。

1684年の夏、しびれを切らしたハレーはケンブリッジ大学のニュートンの意見を求めることにした。ニュートンはすでにその15年前の弱冠27歳のときに、数学者として最高の名誉である「**ルーカス教授職**」についていた。ハレーはニュートンに「逆2乗の法則がはたらいたとき、物体の軌道はどうなるか」とたずねた。惑星軌道が楕円である以上、逆2乗の法則から楕円という答えが導き出されなければならない。「楕円になる」とニュートンは即座に答えた。ハレーの求めていた答えだった。

「なぜそうと言えるのか」とハレーが重ねてきくと、ニュートンの答えは「以前に証明したことがある」というものだった。ニュートンはその場で走り書きを始めたが、計算はうまくいかなかった。だがその後まもなく、ハレーの元に正しい計算結果が送られてきた。それは惑星運動をすっきりと説明するものであった。

◆◆◆

『プリンピキア』はこうして世に出た

驚いたハレーはニュートンに、この問題を本にまとめて出版するよう強く勧めた。こうしてニュートンが書き上げたのが『**プリンキピア**』（正しくは『自然哲学の数学的諸原理（プリンキピア・マセマテカ）』であった。

この本は、万有引力の法則を取り上げていただけ

ではなかった。そこでは「**力学の3法則**」(**図1−6**)をも提示していた。力学の3法則はニュートンの完全な独創というわけではない。ガリレオがすでに、「動いているものは(摩擦や抵抗がなければ)動き続ける」という「**慣性の法則(力学の第1法則)**」や、「**第2法則**」の**加速度**の概念を見いだしていた。ほかにも「**落下の法則**」や「**振り子の法則**」を明らかにし、ケプラーが「惑星の3法則」を見いだしてもいた。たしかにパズルのピースの大半はそろっていた。

だがそれはばらばらで、互いに何の関わりもないものに見えていた。ニュートンはそれらを組み立ててひとつの大きな絵柄にし、**惑星の運動も地球上の物体の動きもすべて共通の原理に従う**ことを示したのである。

ニュートンは、単に物体の運動だけを説明したのではない。物体が空気や水のような流体の中を動いたときにどのくらいの抵抗を受けるか、振動は空気や水をどう伝わるか、海の潮が満潮と干潮をくり返すのはなぜか——ニュートンはこうした身の回りに起こるあらゆる現象を、自身が生み出した力学によって説明してみせた(17ページ**上図**)。

彼はさらに、「**絶対時間**」と「**絶対空間**」という概念を提出した。それは、物体の動きの速さを記述するには、カチカチと一定の速さで進む基準となる絶対的な時間と、人間や物体があってもなくても影響されない絶対的な空間が不可欠だったからだ。

これは単に時間と空間(=時空)の定義の問題ではない。彼が、**場所や時間や事物のいっさいを支配する自然界の"普遍的ルール"**が存在するはずだと考えたからである。

絶対時間と絶対空間の概念は、20世紀に入ってまもなく**アインシュタインの相対性理論**によって否定されることになる(第2章参照)。だが普遍的ルールは、自然科学に立ち向かう科学者のもっとも基本的な姿勢としていまも物事の理解の根幹である。

◆◆◆ニュートンが争った2つの物理・数学的先見

ニュートンは**イギリスという国家の激動期**を生きた。かつてからくり返された内戦、オランダとの3度の海戦、清教徒革命と国王チャールズ1世の処刑(斬首)、共和政、オリバー・クロムウェルの独裁、王政復古、名誉革命——すべてニュートン存命中の世界史的な出来事である。

彼自身の生涯もまた平穏ではなかった。1642年のクリスマス(現在のグレゴリオ暦では43年1月4日)に生ま

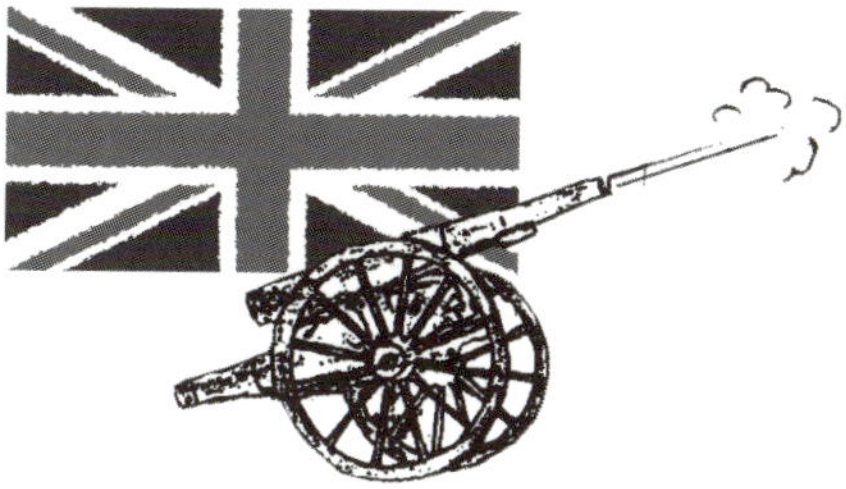

ニュートン vs ライプニッツ

イギリスの科学者たちはニュートンを支援し、ヨーロッパ大陸の科学者たちはライプニッツに肩入れした

れたが、父親は彼が生まれる3カ月前に亡くなっていた。母親は彼が2歳のとき近くの教区牧師と再婚して家を出た。ニュートンは祖母に育てられたが、最低限の衣食住しか与えられなかった。誰にも顧みられなかったニュートンはあるとき、「**家ごと燃やしてやる**」と義父と母を脅したという。大学時代にノートに記した懺悔リストには、半分血のつながった**妹を殴った**とする記述も見える。

　彼は危うく高等教育を受けられないところだった。叔父がニュートンをケンブリッジ大学に進学させるよう母を強く説得しなかったなら、彼は故郷の一農場主として生涯を終えたかもしれない。

　ニュートンは、**給費生**として他の学生や学校の雑用をこまごまとこなすことで何とか授業を受けた。青少年期のこうした困窮は後々まで彼の精神につきまとい、つねに**安定した収入を得られるよう算段しながら暮らす**人間となった。すでに高名になっていた晩年に**造幣局長官**を引き受けたのも、収入に惹かれたためとされている。

　前記のフックとの確執も続いた。1672年フックはニュートンの**光の研究**＊6を批判し、後にその研究の一部は自分の研究の**剽窃**だと非難した。その後フックから和解の手紙があり、表面上は礼節をもって交流した時期もあった。だがフックが、ニュートンは万有引力について「自分の**逆2乗の法則を盗んだ**」と非難すると、ニュートンの憤りが再燃した。彼はプリンキピアの出版をやめる

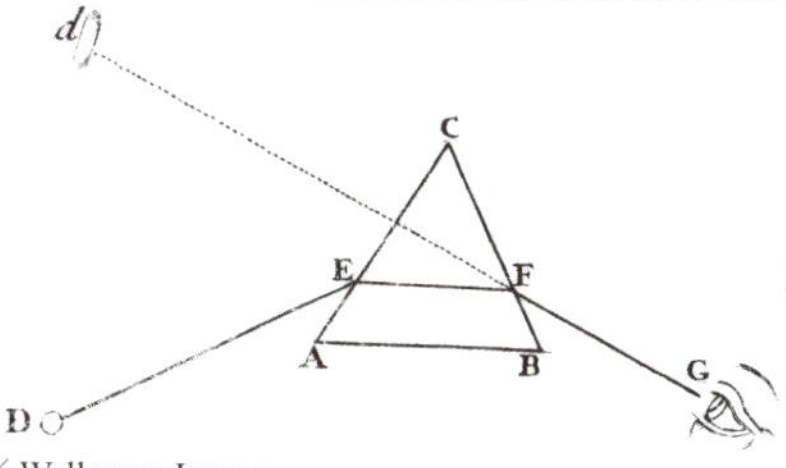

資料／Wellcome Images

＊6 **光の研究**
ニュートンはプリズムを用い、太陽光が屈折率の違いによって7色に分離することを見いだした。また逆に、光を合成すると白色光になることを示した。彼はまた光は粒子であると考えた。

とごねて支援者のハレーを困らせた。出版後にも彼は、「自然哲学は訴訟好きな女のようで、近づいたら最後だ」とハレーに書き送っている。

column

海王星の発見

1781年に発見された**天王星**は当初、天文学者たちの頭を混乱させた。ニュートンの万有引力の法則を用いてこの**惑星の軌道を計算すると、観測結果と合わない**のだ。ニュートンの理論が間違っているのか？

ニュートンはその答えを用意していた。「**摂動**」つまり“乱れ”である。彼は月の公転運動を求める際、地球の重力（引力）以外に太陽の重力がはたらいて月の運動を乱すことに気づいていた。天王星でも同様に、太陽以外の天体の重力がその公転軌道を乱していることになる。

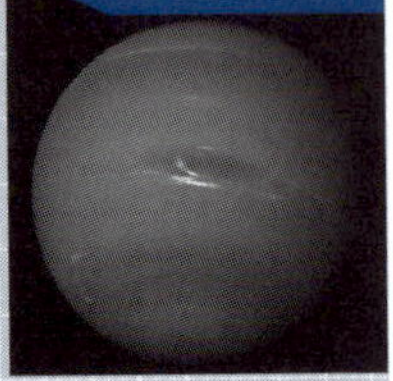

図1-7 ➡NASAの惑星探査機ボイジャー２号がとらえた海王星。
写真／NASA/JPL

太陽以外の天体とは何か？

1840年代、イギリスの**ジョン・アダムズ**とフランスの**ユルバン・ルヴェリエ**が天王星の外側に未発見の天体があるはずと考え、その場所を特定した。すると1846年、彼らの計算通りの位置にブルーの惑星が発見された。「**海王星（ネプチューン）**」（**図1-7**）である。ニュートンの単純な法則が新しい惑星の発見をもたらしたのだ。

ちなみにプリンキピアの出版費用はハレーが支払ってくれた。ハレーは当時、行方不明後に遺体で発見された父の遺産相続問題を抱え、精神的、経済的に苦境にあった。だが原稿の編集や印刷にまつわるこまごました作業や手続きをすべてこなし、精神不安のニュートンをなだめすかし、フックとの仲裁役を務め、プリンキピアを出版させた。

先見争いは、微積分をめぐってニュートンとハノーファー王国（現ドイツ）の数学者ゴットフリート・ライプニッツ[*7]**との間でも生じた。**国の威信をかけて醜悪に争ったのはおもに周囲の人間たちだったが、ニュートンはそれを傍観していた。

1727年、ニュートンは84歳でこの世を去った。彼は生涯結婚せず、子どももいなかった。だが彼が残した力学大系は、人類史的な大科学理論として、いまも人間世界を支えているのである。●

*7 **ゴットフリート・ライプニッツ（1646〜1716年）**
ドイツの哲学者・数学者。自然科学、社会科学、歴史、経済学などに通じ、1684年に微積分法を発表したほか、普遍的記号法を考案し、記号論理学の基礎を築いた。分割できない要素モナド（単子）が宇宙を形づくるとするモナド論でも知られる。マインツ選定候、ハノーファー選帝侯などに仕え、フランスのルイ14世にスエズ運河の建設を提言したが、最期は失意と不幸のうちに死んだ。

ニュートンの文書

⬅『プリンキピア』に掲載された音の研究。音波の先端部分が細い穴を通過すると空間的に広がることが示されている。ニュートンは音を空気の振動（密度の波）という力学的現象とみなし、音の速度を求めようとこの実験を行った。　資料／Wellcome images

➡1682年、「視覚の理論」と題する書を発表したイギリスの医師ウィリアム・ブリッグス宛にニュートンが送った感想文の直筆。この本はニュートンの要望によってラテン語に訳され、そこにはニュートン自身が好意的な序文を書いた。ニュートンは後年錬金術に傾倒し、『プリンキピア』にも関連の記述が多く見られるが、ブリッグスもまたオカルト的傾向が強かった。

写真／Xtrasystole

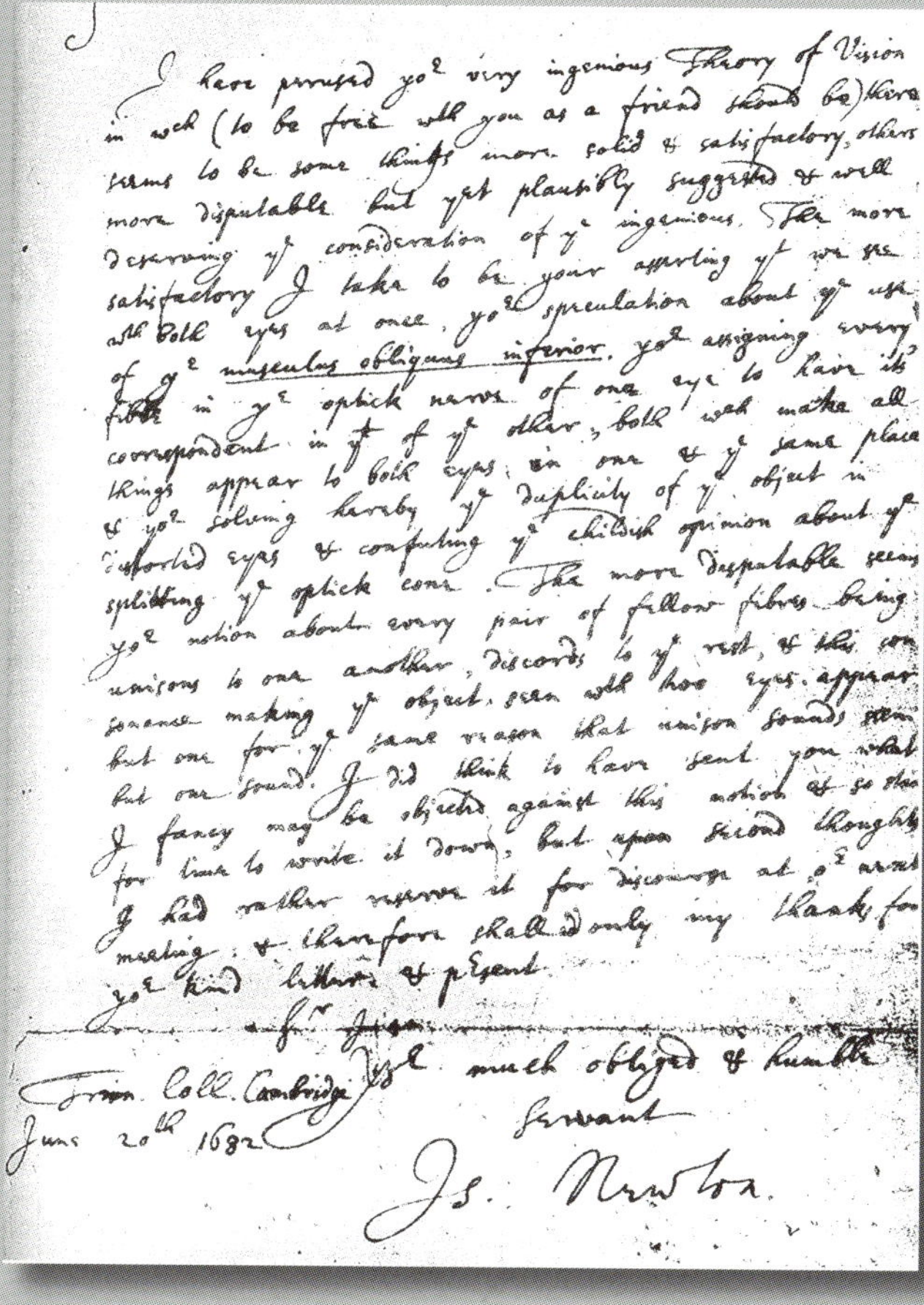

I have perused yor very ingenious Theory of Vision in wch (to be free wth you as a friend should be) there seems to be some things more solid & satisfactory, others more disputable but yet plausibly suggested & well deserving ye consideration of ye ingenious. The more satisfactory I take to be your asserting yt we see wth both eyes at once, yor speculation about ye use of ye musculus obliquus inferior, yor assigning every fibre in ye optick nerve of one eye to have its correspondent in yt of ye other, both wch make all things appear to both eyes in one & ye same place & yor solving hereby ye duplicity of ye object in distorted eyes & confuting ye childish opinion about ye splitting ye optick cone. The more disputable seems yor notion about every pair of fellow fibres being unisons to one another, discords to ye rest, & this consonance making ye object seen wth two eyes appear but one for ye same reason that unison sounds seem but one sound. I did think to have sent you what I fancy may be objected against this notion & so staid for time to write it down, but upon second thoughts I had rather reserve it for discourse at or next meeting, & therefore shall add only my thanks for yor kind letters & present.

Sr

Yor much obliged & humble Servant

Is. Newton.

Trin. Coll. Cambridge
June 20th 1682

第2章

アインシュタインの2つの相対性理論

特殊相対性理論と一般相対性理論

◆◆◆ 現代人の脳内に浸み込んだ2つの理論

20世紀は、科学のあらゆる分野が爆発的に発展した世紀で、それを支えた科学者・研究者も、偉大な業績を残した顔ぶれが目白押しであった。しかし彼らのうち、科学的な知識や理解にあまり関心のない人々にまでその名が浸透している人物と言えば、**アルベルト・アインシュタイン**（**図2-1**）をおいては思い浮かばないであろう。いったいアインシュタインはなぜかくも高い知名度をもつのか？

彼の業績は、簡単に言うならおもに2つである。「**特殊相対性理論**」と「**一般相対性理論**」という物理学の2大理論を生み出したことだ。いまを生きるわれわれが、この**宇宙がどんな姿であり、光や空間や重力が互いにどのように関係しているか**を漠然とでも知っていると思っているのは、彼の残した理論が、無意識のうちにわれわれの脳内に入り込んでいるからに他ならない。

ちなみにアインシュタインは1921年に**ノーベル物理学賞**を受賞したが、このとき評価された業績は相対性理論ではなく、おもに**光電効果**[*1]の研究に対してであり、ここで

図2-1 ➡スイスの特許事務所時代のアインシュタイン。彼はここで相対性理論の研究を進めた。写真／NASA

はその研究には触れない。

本稿では、これら2つの相対性理論がどのようにして生まれ、なぜ以後の人間世界にとり、**ニュートン力学**（第1章）や**量子力学**（第3章）と並んでかくも重大な意味をもつことになったのかを、駆け足で見ていく。

アインシュタインは1879年3月14日、日本では明治12年、ドイツ南部の町ウルムで生まれた（生家は、第二次世界大戦中に英米連合軍が行ったウルム集中爆撃の中で破壊された）。一家は電気技師だった父親の仕事の関連で、アインシュタイン誕生後まもなくミュンヘンに引っ越し、その後さらにイタリアに移った。

アインシュタインの人生や関連資料を追い続けているあるドイツ人の記述によると、彼は少年期に2つのものに非常な驚きを感じた、と自ら書き残していた。そのひとつは5歳の頃にはじめて手にした磁気コンパスであった。**コンパスの針が〝目に見えない力〟によってつねにある方角を示す**ことが不思議でならなかったという。

いまひとつは12歳で出合った**幾何学の本**であった。彼はその本に夢中になり、〝私の聖なる幾何学の本〟とまで呼んでいた。目に見えない力と幾何学——この頃すでに、彼は自分の生涯の研究対象を発見したようである。

学校におけるアインシュタインは、物理や数学の成績が良好なふつうの生徒だったが、権威主義的にふるまう教師を嫌悪し、16歳のときに退学してしまった。後に自ら学んでチューリッヒのスイス連邦工科大学の入学試験を受けたが、不合格となった。物理と数学以外の成績がよくなかったためだ。彼は補習講義に通って懸命に勉強し、ようやく1896年に合格したのだった。

大学卒業と同時に教員資格を手にしたものの、教師の口はどこにもなかった。1901年にようやく、いまでは彼の経歴として広く知られているベルン市の特許事務所の仕事に就くことができた。そして仕事の合間に自らの研究を続け、ここに在職中、20世紀を代表する歴史的業績となる「特殊相対性理論」を生み出したのである。

◆◆◆ 特殊相対性理論の短い方程式

彼がまだ特許事務所で働いていた弱冠26歳のときに完成させた特殊相対性理論とは、いったい何を述べ、かつ何を

＊1 **光電効果**
金属に光を当てると、電子がとび出す現象。アインシュタインはこの現象が明るさとは無関係に、光が一定のエネルギー以上のときに起こることから、光は粒子的性質をもつと結論した（光量子仮説）。

予言する理論なのか？
　ドイツ語のその論文には、その正確な意味を感知しない世界の非常に多くの人々にさえよく知られている方程式が含まれていた。それは、**$E=mc^2$（イー・イコール・エムシーのじじょう）**という単純なものだ。平文にすると、「エネルギーの大きさ（E）は、質量（m）×光速の2乗（c^2）に等しい」となる。ただしドイツ語の原論文では、その部分は〝Masse um L/V^2〟と書かれている。これは「質量はエネルギーを光速の2乗で割ったに等しい」という意味だが、誰にとってもピンとこない状態が続いたため、40年も後の第二次大戦直後に、アインシュタイン自身がさきほどのように平易に表現し直したものだ。

　それでもなお一見して何を言っているのかわかりにくいかもしれないが、この式はとんでもない予言をしているのだ。というのもこれは、われわれの周囲にある**すべての事物の「質量」と「エネルギー」は、本来同じものが異なる形や見え方をしている**だけだと言っているからだ。人間もネコも草花も石ころも、はるかなる星々もすべて、エネルギーがそのような形で存在しているにすぎないだって？

　たとえ科学技術の産物に囲まれて日々を暮らしている現代人にとってさえ、こんなとっぴなことを突然言われてもすぐに了解できるはずがない。もしこれが真実なら大変なことが起こる。なぜなら、この方程式には〝c^2〟、つまり**光速の2乗**が入っている。**光速は毎秒30万㎞という宇宙最速のスピード**である。それを2乗すれば途方もなく巨大な数値になるだろう。ということは、物質（質量）がほんのひとつまみあれば、それは莫大なエネルギーに変わるということだ。逆もまた真なりである。

　だが、はじめのうち誰も信じることのできなかったこの方程式の正しさは、論文発表から27年後の1932年に、**ジョン・コッククロフトとアーネスト・ウォルトン**という2人の科学者により、実験で証明された。2人はこの業績によりノーベル賞を受賞した。そしてこの実験が出発点となり、第二次世界大戦中の1940年代には、アメリカが**原子爆弾**（補章2参照）を完成させたのである。

◆◆◆ 特殊相対性理論の奇妙な前提

　特殊相対性理論は、当時すでに他の科学者によって証明されていた次の2つの前提に立って生み出された。

①**光の速度はどのような観測者から見ても一定である**―

—これは**マクスウェルの方程式**[＊2]から導かれ、また**マイケルソン＝モーリーの実験**[＊3]で確かめられていた。

②**一定の速度で運動する観測者にとって物理法則はつねに同じ**——これはアインシュタインの300年も前に**ガリレオ・ガリレイ**が述べた「**相対性原理**」であり、その後**ニュートン**も「**運動の3法則**」で同じことを記している。

だが、①の〝**光速度一定**〟を取り入れると困難な問題が生じる。**空間と時間は別のものではなく、両者はひとつのものの**一部だと考えないと矛盾が生じてしまうからだ。

だがアインシュタインは、その矛盾は矛盾ではないと考えることにした。つまり、「**ある観測者が目撃するものは、別の観測者からは別の時間に目撃される**」という奇妙な現象を真実として受け入れることにしたのだ。

次の問題は、特殊相対性理論が全宇宙に遍在する重力を無視していることだ。これでは現実の世界、実際の宇宙を正確に記述できるとは思えない。

そこでアインシュタインは、**重力が存在する現実世界にあまねく通用するように、この理論の拡張、つまり〝一般化〟**に取り組んだ。そして11年後の1915年、ついに彼の次の業績である「一般相対性理論」を生み出した。特殊相対性理論の特殊は〝スペシャル〟の和訳、一般相対性理論の一般は〝ジェネラル〟の和訳である。

◆◆◆◆◆ 皆既日食の観測にアフリカに出かけた大天文学者

一般相対性理論は、一言で言うなら、それまで用いられていた重力の法則の〝見直し〟である。

重力については、ニュートンがすでに17世紀に「万有引力の法則」の中で述べている。それは、2つの物体（質量）があるとき、両者の質量の積に比例し、距離の2乗に反比例して両者間にはたらく引き合う力（＝万有引力）だというものだ。

しかしアインシュタインの相対性理論が定義する**時空（3次元空間＋時間＝4次元時空）**では、ニュートンの万有引力の法則は役に立たない。万有引力の法則は、宇宙の広大な空間や、太陽のような巨大な質量の星の重力を正確に扱うことができないのだ。

＊2 マクスウェルの方程式
1864年、イギリスのジェームズ・クラーク・マクスウェルが電磁場についてまとめた4つの方程式。電場と磁場が交互に変動して伝わる波（電磁波）の存在を理論的に予測した。

＊3 マイケルソン＝モーリーの実験
1887年にアメリカのアルバート・マイケルソンとエドワード・モーリーが、公転運動する地球の正面で測定しても側面で測定しても光の速さが同じであること（空間の媒質エーテルは存在しない）を確かめた実験。彼らは何年もかけてより精度の高い実験装置をつくり出した。マイケルソンは精密測定法の開発によりノーベル賞を受賞した。

図2-2 ⬆エディントンは太陽の重力が星の光を曲げていることを確認した（矢印）。
資料／Phil. Trans., vol. 220 (1920) 332

そこでアインシュタインは、**重力を加速度（＝時間ごとの速度の変化率）と同じもの**と仮定したうえで、特殊相対性理論をもとに、時空の性質を考え続けた。すると、重力のまったく別の性質が見えてきた。それは、「**大きな質量はその周囲の空間をゆがませる**」というものだった。星のような巨大な質量の物体のまわりの時空は内側にゆがんでおり、この〝**ゆがみの井戸**〟に他の物体が近づくと、井戸の中に落ち込む――重力とはこのような性質だというのだ。

われわれは、リンゴのような身近な物体が地上に落ちるところを見るかぎり、ニュートンの万有引力の法則の正しさを自分の目で確認できる。地球を公転する月の運動を観察しても、この法則は納得できるレベルである。だが、もっとはるかに大きな空間ではどちらが正しいのか？

一般相対性理論が発表されてまもなく、重力についてのこの予言が正しいかどうか確かめようとする人物が現れた。イギリスの高名で気位の高い天文学者・物理学者**アーサー・エディントン**だ。彼は、第一次世界大戦のさなかで敵国ドイツ側の状況がわからない中、自らの名声と人的コネクションを生かしてアインシュタインのドイツ語論文を手に入れた。そしてこれを読み、ただちにその重要性に気づいた。エディントンの行動は迅速かつ強引だった。反対意見がうずまく中でイギリス議会の支持をとりつけ、ついに**1919年に観測隊を組織**して、アフリカ大陸の西に浮かぶプリンシペ島に自ら先頭に立って向かったのだ。

目的は**皆既日食**の観測である。一般相対性理論の予言が正しければ、太陽の背後に位置する**星の光は、太陽の周囲のゆがんだ空間（重力場）によってその進路を曲げられ**、地球からはいくらかずれた位置に観測されるはずだ。この現象は、皆既日食で太陽が真っ暗に見える瞬間をはずしては観測できない。

彼の観測によってその現象は実際に確認され（**図2-2**）、たちまち世界を駆け巡る大ニュースとなった。アインシュタインとこの理論が瞬時に世界的名声を得たのは、疑いも

アインシュタインの脳はどこに行ったか？

column

一般社会はときとしてアインシュタインを聖人扱いする。だが彼もまた生身の人間であった。彼が1920年代にアジア諸国を訪問したときの日記には、インド人や中国人、日本人などについて人種差別的評価を書き残している。

その後ドイツでアドルフ・ヒトラーがナチス政権を掌握すると、今度はユダヤ人迫害を恐れて**ドイツ国籍を放棄し、アメリカに亡命**した。それ以前に彼は最初の妻ミレバ・マリクとの間に３人の子をもうけたが、長女は結婚直前に生まれているのでいまで言う“できちゃった婚”と見られる。この長女はおそらく猩紅熱で幼くして死んだ。アインシュタインは後にこの妻と離婚し、いとこのエルサと再婚したが、２人は母方のいとこどうしで、かつ父方の祖父のいとこどうしという近親関係にあった。

アメリカ亡命後の1939年、アインシュタインは**ルーズベルト大統領に手紙を書き、原爆の開発を進言**した。その手紙は、アメリカが開発しなければドイツが先にそれを手にすると警告していた。アメリカ政府はこれを受け、**国家緊急計画（マンハッタン計画）**によって世界初の原爆を開発した。しかし使用直前にドイツが降伏したため、それらは広島・長崎に投下された（補章２・核爆弾の理論としくみ参照）。

アインシュタインは1955年４月18日、大動脈瘤破裂で死んだ。死後に摘出された彼の脳は重さ1230グラムで、**成人男性の平均より小さかった。**ただし**抽象思考を司る前頭葉は平均よりはるかに“しわ”が多かった**という。この脳は**トーマス・ハーヴェイ**という病理解剖学者に盗まれて**170分割**されたうえ、顕微鏡観察に供するためさらに非常に**うすい切片にスライス**された。その一部は現在、フィラデルフィアのミュッター博物館に展示されている（読者が特殊な医学の学徒でないなら、この博物館の訪問は勧められない）。

なくエディントンの権威性と行動力の結果であった。

以後現在に至るまで、重力によってゆがんだ空間は何度も観測されている。その典型が、アインシュタインが予言していた**「重力レンズ効果」**である。

さらにごく最近、イギリスの科学雑誌サイエンスの２０１８年６月22日号によると、天文学者の国際チームはもっとはるかに広大な、文字通り**銀河スケールの空間のゆがみ**を観測した。

彼らは、地球から４億５０００万光年のかなたにある銀河（ＥＳＯ３２５－Ｇ００４）の巨大な重力によって、そのはるか後方にある別の銀河の光が、地球の方角に向かう途中で６５００光年もの幅にわたってゆがめられていることを発見したというのだ。この観測に誤りがないなら、もはや一般相対性理論の重力の予言に疑問を呈することは誰にもできそうにない。●

第3章

量子論は相対性理論とどう違うか？

量子論が実在の世界を危うくする

◆◆◆実在と客観をゆるがせた量子論

量子論（**量子力学**）ほど、科学者の間で議論の多い理論はおそらく他に存在しない。

他方、現代社会で量子論ほど活用されている理論もない。現在の情報通信社会の基盤をなすコンピューターやインターネットは、量子論なしにはそもそも技術的にまったく成立しない。レーザーやLEDなど、われわれの生活にすでにとけ込んでいる技術の多くも、量子論を必要としている。

さらに、「**量子コンピューター**[*1]」や**量子暗号**[*2]のように、量子論の奇妙な根幹部分を利用する試みも姿を見せ始めている。

図3-1 ⬆量子論構築の功労者ハイゼンベルク（左）、ボーア（上）、シュレーディンガー。彼らの量子論に対する姿勢や実在に対する見方は大きく異なっていた。 写真／左＆上・AIP/Niels Bohr Library、右・Max-Planck-Gesellschaft／矢沢サイエンスオフィス

先進国のGDPの35％は量子論にもとづく技術から生じているという見積もりさえ出されている。

量子論の萌芽は19世紀から20世紀への変わり目に現れ、20世紀前半におもにヨーロッパの多様な科学者によって骨格が組み立てられた。同じ時期に、**アインシュタイン**ひとりの手――多少は数学者の助力を要したが――によって生み出された**相対性理論**（第2章参照）とは対照的である。

いったい量子論の何が科学者たちの心を乱し、絶えざる議論を呼んできたのか？　それは、科学の手法の基礎としてすでに確立していたはずの「**実在**」と「**客観**」、すなわち実在する対象を客観的に観察するという自然科学の前提を、量子論がゆるがせたためだ。

19世紀末、物理学は完成に近づいたと見られていた。**ニュートン力学**に代表される**古典物理学**は、文字どおり実在と客観を根幹としていた。たとえば古典物理学でいうエネルギーの実在とは何か？　エネルギーは、運動や熱や電気などさまざまな形に変化する。だがどれほど姿を変えても、変化の前と後でエネルギーの量や大きさは増えたり減ったりしない。細菌やカビなどの生物が同じ仲間の微生物や胞子や種子から生まれるように、エネルギーや物質もつねに〝実在〟するのであり、突如どこかから現れたりどこかに消えたりはしない。これはエネルギーや物質の実在（実在性）を示している。

他方、客観もまた科学の必須要件であった。自然科学における客観（客観性）とは、ある対象を誰がどこで観察しても、観察条件が同じなら結果も同じということだ。CDプレーヤーで音楽を聴くとき、どの部屋で誰が聴いても、同じCDからは同じ曲が流れてくるはずである。

20世紀はじめに登場したもうひとつの理論である相対性理論は、たしかに19世紀の物理学とはかけ離れていた。それは時間と空間の意味を変え、われわれの宇宙観を一変させた。物質がエネルギーに変化したり、逆にエネルギーが物質に変わるというのだ。

だが相対性理論の場合、一部の頑迷な人々を除けば、そ

＊1　**量子コンピューター**
1960年代、アメリカのリチャード・ファインマンは量子現象を利用すれば、効率的なコンピューターが実現すると提案した。その後、80年代に具体的手法が議論され、現在では量子的重ね合わせを利用した超高速の量子コンピューターが実現している。ただし用途は組み合わせ問題にほぼかぎられる。汎用性をもつ量子コンピューターは、ノイズなどの問題で実用段階には遠い。

＊2　**量子暗号**
量子論を暗号通信に利用する方法。データを量子的なカギによって暗号化し、カギと暗号化したデータを別々に送る。カギの通信途中で傍受や複製が行われると量子の状態が変化してカギが危険とわかり、そのカギは廃棄される。

れが登場するとただちに科学者たちに受け入れられた。というのも、相対性理論はもともと、**「マクスウェルの電磁気学」**（21ページ参照）から**〝演繹的《えんえき》に〟**導き出された見方であり、人によって解釈の異なるような仮定や実験結果にもとづいてはいなかった。この理論でもやはり、エネルギーと物質の合計は、変化の前後で一定となる。相対性理論がどれほど奇妙な予言をしようが、そこでは実在も客観も失われない。そのため、相対性理論もニュートンの理論と同様、古典物理学の一部をなしている。

だが量子論は、これらとは本質的に異なる。この理論は、実験と観測の結果から**〝帰納的に〟**組み立てられた実証的な理論だ。にもかかわらず、量子論において**実在や客観がゆらぐ**とはいったいどういうことか？

図3-2 **電子銃の実験**

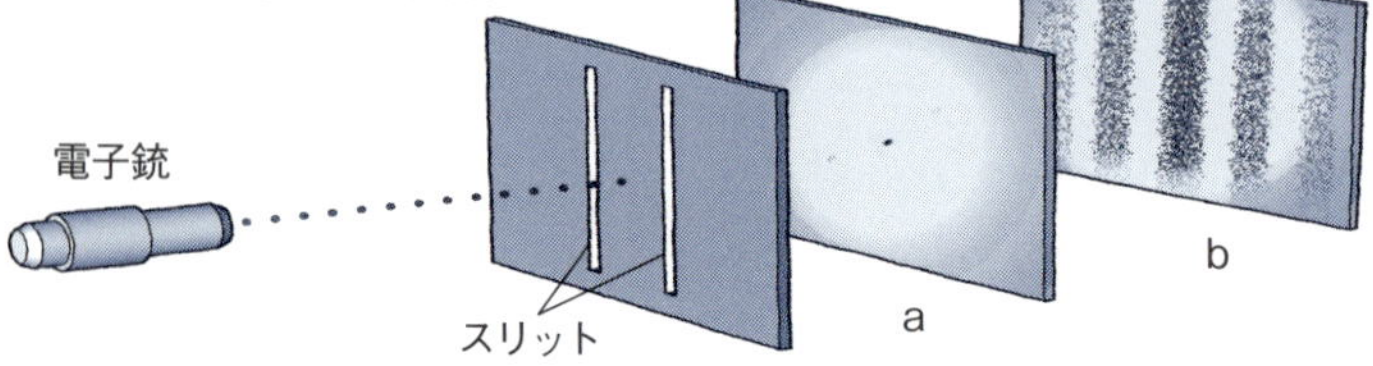

⬆二重スリットを通して1個ずつ電子を撃ち込むと、その跡は点となるが（a）、続けると干渉縞が現れる（b）。作図／細江道義、資料：Zeeya Merali, Nature

◆◆◆ 電子は波であり粒子でもある？

相対性理論が宇宙や天体、時空などの巨大なスケールの存在を対象にするのに対し、量子論は、われわれの目には見えない電子のような、非常に小さな粒子のふるまいを対象にする。だが物理学者たちが困惑したのは、実験結果が見せたそのあまりに奇妙な挙動であった。

そのひとつが電子銃の実験である（**図3-2**）。2つのスリットを通して、電子を1個ずつスクリーンに撃ち込む。すると、多数の電子が撃ち込まれた跡は、奇妙にも波が重なり合ったような縞模様（**干渉縞**）を描く。つまり**電子はまるで波のようにふるまう**。だが電子銃で1個だけの電子を撃つと、その**痕跡は1個の点**だけとなる。

では電子は波なのか粒子なのか？ そして、1個ずつ粒子を撃ち込んでいるのに、なぜ干渉縞が生じるのか？ 1個の電子が他の何と干渉してそのような痕跡を残すのか？

干渉縞はつねに生じるわけではない。スリットをひとつだけにすれば干渉縞はできない。また、霧箱のような実験装置を使って電子をずっと観察し続けたときも、干渉縞は現れない。だがこれは奇妙である。あたかも**人間が観測し**

たことが電子の挙動に影響を与えたかのようだからだ。

ドイツの**ヴェルナー・ハイゼンベルク**（**図3－1左**）は23歳のとき、デンマークの**ニールス・ボーア**（**図3－1上**）とこの問題を深く議論した。議論に疲れ切ったハイゼンベルクは北海の島で休暇をとってひとりこの問題を考え、ひとつの着眼を得た。それは、電子の観測結果のみについて関係を考えることだった。すると、興味深いものが姿を現した。それが、後に量子論の基礎となる「**行列力学**＊3」である。このときハイゼンベルクは、電子の粒子としての性質とそれを表す数学の形式にのみ重点をおいていた。

これに対して、オーストリア出身の**エルヴィン・シュレーディンガー**（**図3－1右**）は、電子の波としての性質により注目し、「**波動方程式（シュレーディンガー方程式）**」を生み出した。波動方程式はさきほどの行列力学と同等の意味をもつが、現在では行列力学より扱いやすいこの方程式の方がよく利用される。シュレーディンガーは観測されていないときの粒子の状態をも書き表すことを目的として波動方程式を作ったが、この方程式を用いてもなお、前述の干渉縞の実験を説明することはできない。

結局、科学者たちはこう結論した——電子は「**波であると同時に粒子でもある**」と。そして例のスリットの実験では、**電子は“自分自身と”干渉し合う**ということになった。なぜなら、電子は、分身の術のように、自分がたどれるあらゆる経路を同時に通っていくからである。つまり**観測される前の電子はいくつもの状態が“重なり合っている”**。ところが**観測した瞬間、電子の状態はひとつに収束する**。そして、どのように収束するかは**確率でしか示すことができない**＊4——

だがこの結論は、答えを出したつもりの科学者たちにも納得できなかった。物理学や力学では粒子の動きを方程式で表せば、そのエネルギーや速度を正確に推測できるはずである。たしかにニュートン力学でも、さまざまな物体が存在すれば、それらの相互作用が複雑になって単純には計算できなくなる。だがそれは手続き上の問題にすぎない。ニュートン力

＊3 **行列力学**
1925年、ヴェルナー・ハイゼンベルクが提出した電子（量子）のふるまいを示す理論。後にマックス・ボルンとパスクアル・ヨルダンの協力により、数値や式を縦横に並べる数学的形式「行列」に書き換えられた。行列では積（かけ算）の順番によって答えが異なる。

＊4 このように量子は本質的に決定論的なふるまいはしないとする見方を「確率解釈」という。これに対し、量子には未発見の性質（変数）が存在するために表面上は決定論的に見えないだけとする「隠れた変数理論」や、観測で状態がひとつに定まるたびに現実世界が分岐するという「多世界解釈」などの理論もある。

学では1個の粒子があちこちに同時に存在するなどあり得ないし、人間に観測されたとたんに粒子が変化するなどナンセンスである。

だが、物理学者たちが観測や実験をくり返しても、ニュートン力学的な見方はすべて否定され、量子論の見方のみが残るのであった。

量子論の中心人物ボーア

いま見たような矛盾をはらんだ量子論の姿は、誰かひとりの科学者が描き出したのではなく、多くの科学者の議論の中から生まれた。その中心人物がニールス・ボーアだ。

1885年、ニールス・ボーアはデンマークのコペンハーゲンの裕福な家庭に生まれた。父は生理学の教授、母方の祖父はユダヤ系銀行家で政治家でもあった。父は進歩的思想をもち、当時主流ではなかったダーウィン進化論を受け入れ、男女同権や平等を唱えていた。ボーア家にはたえず人々が訪れ、ニールスと姉と弟はさまざまな議論の中で育った。彼らは学問のみではなく運動能力も秀でていた。ニールスは**サッカーのデンマーク代表**チームのキーパーの補欠、弟ハラルはレギュラーメンバーとなり、1908年オリンピックでは銀メダルを獲得した。

ハラルは後に数学者となり、ニールスは物理学——当時はX線や電子が発見されたばかりだった——に興味をもち、1922年には**原子模型の理論によりノーベル賞**を受賞した。だが彼の最大の科学的貢献は、その前年にコペンハーゲン大学に**理論物理学研究所**を開設したことであろう。

彼は、この研究所（現**ニールス・ボーア研究所**）に心血を注ぎ、自ら設計や資金集めに奔走した。世界中からとりわけ若い研究者を招き、まだ20代のハイゼンベルク、**ヴォルフガンク・パウリ**、**ポール・ディラック**などがここに滞在して量子論の骨格をつくった（**表3－1**）。ボーアは議論を好み、自説を強硬に主張する一方、他人の意見にも耳を傾け、若い研究者をもあなどることがなかった。

ボーアは、**量子の本質は「相補性」**[*5]だと考えていた。電子は波と粒子のどちらかとしてしか観察できないが、その両方を記述してはじめて完全となる——これが相補性だ。

シュレーディンガーもまたこの研究所で講演した。議論

*5 **相補性**
ニールス・ボーアは、量子を記述するにはその相反する性質（波と粒子など）の両方が必要とし、これを「相補性」と呼んだ。ほかに位置と運動量や、エネルギーと時間などのように同時に正確に観測できない物理量も相補性の関係にあるとした。

表3-1　量子論のおもな建設者

作成／矢沢サイエンスオフィス

建設者	出身国	量子論に関するおもな業績	ボーア研究所滞在期間
マックス・プランク（1858～1947年）	ドイツ	1900年、光のエネルギーがかたまりになって存在するという「エネルギー量子」の概念を提出。これが量子論の始まりとなった。	―
アルベルト・アインシュタイン（1879～1955年）	ドイツ	1905年、光は粒子的存在とする「光量子仮説」を発表。量子統計のひとつボース＝アインシュタイン統計にも名を残したが、確率解釈には終生批判的であった。	―
ニールス・ボーア（1885～1962年）	デンマーク	1913年、電子軌道が量子化されており、電子は軌道から軌道へ飛ぶと発表。「相補性原理」を主張し、量子論のコペンハーゲン解釈の中心人物となった。	ボーア研究所設立（1921年）
ルイ・ド・ブロイ（1892～1987年）	フランス	1924年、電子も波の性質をもつとする「物質波」を提唱。	―
ヴォルフガンク・パウリ（1900～1958年）	オーストリア	1925年、電子などのフェルミ粒子はひとつの系内で他のフェルミ粒子と量子力学的に完全に同一の状態をとることはできないという「排他原理」を発表。	1922～23年
ヴェルナー・ハイゼンベルク（1901～76年）	ドイツ	1925年、「行列力学」を生み出す。1927年、粒子の位置と運動量を同時かつ正確に測定することは不可能という「不確定性原理」を提出し、物理学の決定論的見方に打撃を与えた。	1924～25年/1926年
エルヴィン・シュレーディンガー（1887～1961年）	オーストリア	1926年、電子のふるまいについての「波動方程式」を発表。確率解釈を批判した「シュレーディンガーの猫」のパラドックスでも知られる。	1926年（講演）
ポール・ディラック（1902～1984年）	イギリス	1927年、量子力学に特殊相対性理論を組み込み、「相対論的波動方程式」を生み出した。ここから「反粒子」の存在を予言した。	1926～27年
マックス・ボルン（1882～1970年）	ドイツ	ハイゼンベルクの行列力学をE.P.ヨルダンとともに定式化する。1926年、波動方程式の確率解釈を提唱する。パウリやハイゼンベルクの師。	―

は、シュレーディンガーが駅に降りボーアが彼を迎えた瞬間から始まった。シュレーディンガーは電子の波動的性質を重視したので、ボーアはその見方は偏っているとして激論になった。シュレーディンガーは講演後も延々と続く議論に疲れ、ついに熱を出して寝込んだ。するとボーアは彼を家族の居住スペースに招いて手ずから看病しながら、さらに議論を続けた。同じ建物に滞在していたハイゼンベルクらは、「しかしあなたはこの点は認めるべきだ」と言うボーアの声を何度も耳にした。シュレーディンガーはついには辟易し、「こんな問題に関わるべきでなかった」と叫んだ。

ボーアは粒子説にこだわるハイゼンベルクに何度でも問いかけ、ついには彼を泣かせたほどであった。ボーアのこの執拗さはアインシュタインにも通ずるものがあった。

◆◆◆アインシュタインvsボーア

アインシュタインは、相対性理論の生みの親というだけでない。彼は**光が粒子的な性質をもつ**こと（光の量子。**光子**）を示して、量子論の飛躍的発展にも貢献した。だがそのアインシュタインも、ニールス・ボーアが主張した量子論の解釈――**確率解釈**とか**コペンハーゲン解釈**＊6などと呼ばれるもの――は決して受け入れなかった。

それは、アインシュタインが量子の奇妙なふるまいを全否定したということではない。彼の疑問は、〝実在〟という見方をここで捨て去る必要があるのか、**何かを見逃しているが故に量子のふるまいが奇妙に見える**だけなのではないか、というものだった。そのため彼は、1933年の第5回**ソルヴェイ会議**の期間中、毎朝顔を出すたびに、確率解釈を打ち負かそうと次々に思考実験の難題を持ち出してきた。だが一方のボーアは、むしろこれを喜んだ。アインシュタインが提示する疑問ほどボーアを奮い立たせるものはなかったからだ。

アインシュタインがとりわけ気に入らなかったのは、彼が〝**奇怪な遠隔作用**〟とまで表現した**粒子どうしのからみ合い現象**である。量子論では、2つの粒子が深く関係し合ってからみ合うと、片方の粒子を観測した瞬間に他方の粒子の状態が決まるという。原理的には、粒子どうしがどれほど遠く、銀河系のむこうとこちらほど離れていても、このからみ合いは起こるというのだ。

これが事実なら、**情報が瞬間的に無限遠まで伝わる**ことになる。これは、相対性理論の前提である光速度一定を明らかに裏切ることになる。

アインシュタインのこの疑問に対してボーアは、「現象とそれを観測する装置が相互作用するとき、対象は本質的にあいまいになる」といかにもあいまいに答えただけだった。ボーアは、こうした遠隔作用は見かけ上だけの話だと考えていたのかもしれない。

しかし、いまでは各国の研究者がこの遠隔作用を確認しており、通信などに利用する手法も研究されている。とはいえ、現在の理論ではこの現象を十分に説明することはで

＊6　**コペンハーゲン解釈**
確率解釈と相補性を中心におく量子論に対する見方。おもにコペンハーゲンのボーア研究所に滞在した科学者によってまとめられたためにこう呼ばれる。

＊7　**虚数**
2乗するとマイナス1になる仮想的な数で記号はi。虚数と複素数（実数と虚数の和）によって数学の可能性は大きく広がった。

＊8　**場**
力を伝達する概念的な空間。量子論では粒子の交換がすなわち力であり、場では粒子が発生・消滅をくり返しているとされる。

きない。

◆◆◆相対性理論と量子論の統一

では〝実在〟の定義や概念は、いまや風前の灯なのか？

一見そうも見えるが、実在をとり戻す希望がないことはない。その希望は唯一、相対性理論と量子論を合体（理論の統一）させられるか否かにかかっている。

いま、量子論はおもに先端技術で活躍し、他方、相対性理論の予言は天体観測や加速器技術などで次々に裏付けられている。ボーアは生前、この**2つの理論はいずれも、虚数**[*7]**（√-1）という抽象的な記号、現実の世界では無意味に見える数を利用することにより、単純な美しい方程式で記述できる**ようになったと言い残した。

だが実のところ、一般相対性理論と量子論は同時には成り立たない。量子論は一般相対性理論の重力を無視した理論であり、他方の一般相対性理論は量子論を無視して重力や時空を語っている。両者は「**場**[*8]」のとらえ方が根本的に違うのだ。

一般相対性理論は空間そのものを重力の場と見る。だが量子論は、場を〝生まれては消える粒子〟ととらえる。その結果、量子論的に考えると、たとえ短命な粒子でも周囲へのその影響は非常に大きくなり、短距離でも重力が無限大になってしまう。これは、2つの理論のどちらか、あるいは両方に、欠陥や不完全性があることを示している。

これら2つを統一する理論の試みもいくつか発表されてはいる。**超ひも理論**（超弦理論）や**M理論**、**ループ量子重力理論**などで、まとめて**量子重力理論**（63ページ参照）と呼ばれる。

どれも課題が多く、いまだひとつの理論として成立する見通しは立っていない。だが現在の物理学者にとって、これは必ず乗り越えるべき関門である。というのも、**自然界を支配する4つの力**（**電磁気力、弱い力、強い力、重力**）を統一する究極の理論をつくるには、それが不可欠だからだ。4つの力のうちこれまでに電磁気力と強い力、それに弱い力は量子論によって理解されている。だが重力は、相対性理論でしか扱うことができない。

では、相対性理論と量子論が統一されれば問題の〝実在〟はわれわれのもとに戻ってくるのか？　ロジャー・ペンローズ（98ページ記事）のようにそう考える物理学者もいる。だがそれはいまのところ、希望的観測の範囲である。●

第4章

ビッグバン宇宙論

宇宙はどのようにして誕生したのか？

写真／NASA／JPL-Caltech

◆◆◆地球は1個の砂粒の価値もない

われわれがふだん、会話の中で〝宇宙〟という言葉を使うことはさしてめずらしくない。しかし、では真正面から**「宇宙とは何か?」**と問われると、科学的客観性を踏まえて答えることは容易ではない。

ここで扱おうとしているのは本来の宇宙、つまり物理的な宇宙である。少し具体的に言うと、われわれが生きているこの世界をつくっている「**星々**」や、それらの星々が集まった「**銀河**」、そうした銀河の大集団（「**銀河団**」）、そしてそれらすべてを存在させている**時間と空間**（「**時空**」）の**総体**のことである。

この宇宙には、1000億〜4000億個の星々の大集団である銀河が数千億も存在する。さらにそのような銀河が何十、何百と集まって銀河団を形成し、それらがさらに集まって超銀河団をつくっている。こうした目もくらむような巨大な数は、誰かが直接数えたのではなく、宇宙観測の結果や数学的な推定値から導かれたものだ。*1

これほど巨大な宇宙にあっては、われわれの地球は、数千億の銀河の中のただひとつの銀河（**銀河系、天の川銀河**）

図4-1
現在
10億年後：
観測される最初期の銀河の誕生。
38万年後：
宇宙の晴れ上がり。大量に飛び交っていた電子が原子核と結びついて原子をつくる
100秒後：
水素やヘリウムの原子核が生み出される
100万分の1秒後：
陽子や中性子が誕生
ビッグバン（火の玉宇宙）
10のマイナス32秒後：
インフレーションの終了
（インフレーション理論）
宇宙の誕生

↑ビッグバン宇宙論にもとづく現在までの宇宙の進化過程。 イラスト／NASA

の、そのまた端っこに位置するありふれた星（太陽のような恒星）のまわりを公転する惑星のひとつでしかない。地球は、情けなくもこの宇宙では、空中を漂うチリか海岸の砂粒1個ほどの存在感もない無意味な物体である。

◆◆◆誰も知らない名訳〝ドッカーン仮説〟

では、人間の想像力がとうてい及ばないほど大きなこの宇宙は、**いつどのようにして生まれたのか？**

われわれは実際には、自分が生きている宇宙のごく一部以外のことはほとんど何も知らない。どんなにすぐれた天文学者や物理学者も、この宇宙のきわめて小さな範囲以外は、確信をもって理解も説明もできない。いかに観測技術が進歩しても、人間には宇宙全体を見渡したり触ったりするすべがないからだ。

だが少なくとも、宇宙についての仮説や理論をつくり出すことはできる。それは日本語では「**宇宙論**」、英語では「**コズモロジー**」と呼ぶ。宇宙論とは、われわれが生きているこの宇宙がいつどうやって誕生し、その後どのように進化していまの姿になったのか、はるかな未来にはどうなるのかについての科学的理論のことである。

現在のこの理論は、多くの読者がすでに聞き知っているように「**ビッグバン宇宙論**」とか「**ビッグバン理論**」と呼ばれる。英語のビッグバンは〝大爆発〟のいわば擬態語からきている。この理論が日本の一般社会でまだほとんど知ら

＊1　天文学者たちがNASAのハッブル宇宙望遠鏡のような世界最強の望遠鏡を用いて行ってきた観測から推測すると、人間が知り得る範囲の宇宙には1000億以上の銀河があり、それぞれが数千億個の星々を含んでいる。さらにその星々の半数が地球や火星のような惑星をもつと見られるので、惑星の数は1銀河につき数千億〜数兆個となる。

れていなかった40年ほど前、地方出身の英語教師で当時出版社を経営していたある人物が、そのまま〝**ドッカーン仮説**〟と直訳していたのを見て筆者はおおいに感心した。

◆◆◆定常宇宙論に勝ったビッグバン宇宙論

宇宙が核爆発のように誕生したことをイメージさせるこの英語名が妥当かどうかは別として、この名称が生まれたのは1949年だと断言できる。というのも、イギリスの高名な物理学者**フレッド・ホイル**（図4-3）がBBCラジオ放送の中で、真面目に、しかし冗談と嫌味を込めて呼んだ名称が、後にそのまま理論名になったからだ。

ホイル自身は「**宇宙は永遠の過去から存在した**」とするまったく別の宇宙論（**定常宇宙論**。左ページ**コラム**）を主張していたので、自分の見方と相容れないこの理論を、「**宇宙は〝ビッグバン〟から始まったとさ**」と言って皮肉ったのだ。

その後しばらく、ビッグバン宇宙論と定常宇宙論は研究者たちの支持をほぼ二分していた。だが1960年代に行われた**宇宙論とは無関係のある観測実験***2（図4-2）がきっかけとなって、世界の宇宙論学者の大半がビッグバン側につき、定常宇宙論は敗残の憂き目を見ることになった。

いまでも世界には、定常宇宙論のより新しい見方や、プラズマ宇宙論という新説を主張する研究者も少数ながら存在する。最近でもブラジルの宇宙論学者チームが、定常宇宙論の拡大版とも言える仮説を唱えている。それは「ビッグバンは起こらなかった。宇宙は膨張と収縮を永久にくり返している」とするものだが、ここでは深入りしない。

図4-2 ⬆ペンジアス（右）とウィルソンは、宇宙の全方向からマイクロ波（宇宙背景放射）がやってくることに気づいた。

写真／AIP／矢沢サイエンスオフィス

*2　1964年、ベル研究所のアーノ・ペンジアスとロバート・ウィルソンは、衛星電波の受信アンテナの調整中、〝雑音〟が入ることに気づいた。宇宙全体から放射されるこのマイクロ波（宇宙背景放射）は、絶対温度3度（3K＝-270℃）に相当し、ビッグバン宇宙論が予測する現在の宇宙の温度とほぼ一致した。

他方、**日本の宇宙論学者や天文学者**は（おそらく）例外なくビッグバン宇宙論のみを論じている。極東の島国では時代の流れに逆らう者は〝異端〟なので、かつて宇宙は無限だと主張した**ジョルダーノ・ブルーノ**のように火あぶりで処刑ということはないものの、大学や研究所に予算がまわってこないという社会経済刑に処せられるからだ。

column

定常宇宙論

宇宙は無限の過去から存在した

20世紀半ばまで宇宙論の分野でビッグバン宇宙論に対抗した理論――それが**定常宇宙論**である。宇宙が永遠の過去から存在すると主張するこの理論は、ライバル側からまず宇宙膨張の説明を求められた。宇宙が膨張すれば宇宙空間の密度が下がっていくはずというのだ。定常宇宙論は、**膨張に合わせてたえず新物質が生み出されるため宇宙の密度は一定に保たれる**と反論。

図4-3
写真／AIP

だが、ビッグバン宇宙誕生時のなごりとされる「**宇宙背景放射**（微弱なマイクロ波）」が実際に観測されると、定常宇宙論はこの放射の原因をうまく説明できなかった。そのため以後、定常宇宙論は多くの宇宙論学者から拒絶され、その後は、ビッグバン宇宙論の支持が大勢となっている。

紙と鉛筆だけの物理学者たち

かくして現在の宇宙論の主流となったビッグバン理論のさらに最新の研究では、この宇宙の大きさはさしわたしが920億光年、すなわち光速で920億年かかる（オクスフォード大学の研究者チームは9兆光年以上という数値まで出している）。ともあれ、人間の想像力の限界をはるかに超える広大な空間である。

ところが、これほど大きな宇宙は、さきほどのホイルの定常宇宙論の予言とは異なり、無限の過去から存在したのではないとされている。**ビッグバン宇宙論のシナリオ**では、この宇宙はいまから**138億年前**に超高温・超高圧の〝火の玉〟が突如として爆発的に膨張し始め、その後進化しながらいまのような姿になった（33ページ**図4-1**）。**宇宙年齢138億年**とは、ビッグバンの瞬間から現在までの時間を理論的に推定したものだ。

ビッグバン宇宙論のこうした予言の基礎は、20世紀前半から1960年代頃にかけての天体観測や理論研究からつくられた。この宇宙論の構築に貢献した科学者には、アインシュタイン、数学者や物理学者、天文学者のほか、本業がカトリック司祭という人々もいる（**表4－1**）。

表4－1に顔を並べている人々のうち、**エドウィン・ハッブル**は当時世界最強の天体望遠鏡で宇宙を観測していた天文学者で、後に〝**20世紀最大の天文学者**〟と呼ばれることになる。彼とスライファー以外はみな、紙や黒板に鉛筆やチョークで数式を書き散らし、数学的手法で宇宙の姿を解き明かそうとした**理論物理学者**である。

◆◆◆ビッグバン理論の〝黒い穴〟

さて、あるとき宇宙が極小の〝火の玉〟から誕生し、現在の姿へと進化したとするシナリオの概略はこうである。

前記のように、いまから138億年前、超高温・高圧の〝火の玉〟が大爆発（ビッグバン）を起こした。爆発から1秒もたたないわずかな時間、宇宙はいまのすべての物質をつくっているもっとも**基本的な粒子（素粒子）**、すなわち**クォークとレプトン**[*3]が混じりあった超高密度・超高温のスープのような状態だった。

爆発の力で宇宙が膨張して密度が下がると、温度も下がっていった。するとクォークは結合して、いまのわれわれが知っている**最小の物質である中性子と陽子**に変わり始めた。中性子と陽子があれば、それらは原子の素材としての**原子核**になる。さらにこの原子核と電子（レプトンのひとつ）が結合すると、**もっとも軽い原子である水素やヘリウム**が生まれる。ここまでくると、宇宙の第1世代の天体を形作る素材の準備ができたことになる。

こうして宇宙を埋め尽くした水素やヘリウムが、重力の偏在（かたより）によってところどころに集まると（といってもその直径は何千光年、何万光年という途方もない広がりだが）、それは**しだいに収縮して太陽のような星（恒星）**をつくる。この星が何千億個もの集団を形成すると、それは**銀河の誕生**である。銀河が集まれば銀河団が、銀河団が集まれば超銀河団が出現する。もはや宇宙は、われわれが知っているいまの姿にかなり近づいてきた――これが、ビッグバン宇宙論が予言する宇宙の誕生と進化のシナリオである。

ちなみに、表1に載せた科学者たちのうち、アインシュタインとハッブルは当初、自分の業績がビッグバン宇宙論の構築に用いられるとは思いもしなかった。アインシュタインは後のフレッド・ホイル（前出）と同じように、宇宙

＊3　**クォークとレプトン**
いずれも素粒子の一種。クォークは中性子や陽子の材料で強い力が作用する。レプトンには電子やニュートリノ、ミュー粒子などがあり、弱い力がはたらく。

表4-1 ビッグバン宇宙論へのおもな貢献者

①ヴェスト・スライファー ●1875－1969年
アメリカの天文学者
1910年代、遠方の銀河の赤方偏移を観測して、それらがわれわれから遠ざかっていることを発見した。これが後にビッグバン宇宙論が生み出される最初の一歩となった。

スライファー

②アルベルト・アインシュタイン ●1879～1955年
ドイツ生まれの理論物理学者
1915年の一般相対性理論によって、膨張または収縮している宇宙の理論的基礎を提示した。彼自身は当初、宇宙は静止していると考えたが、後に撤回した。

フリードマン

③アレクサンドル・フリードマン ●1888～1925年
ソ連（当時）の宇宙物理学者・数学者
一般相対性理論を宇宙の姿にはじめて真正面から当てはめ、そこから“膨張する宇宙（1924年のフリードマン方程式の論文）”を導いて、ビッグバン宇宙論の最初の見方を導いた。

④エドウィン・ハッブル ●1889～1953年
アメリカの天文学者
彼の時代に“星雲”とされていたものは実際は銀河系外の銀河であることを発見。また遠い銀河ほどより高速で遠ざかっていることを赤方偏移の観測で示し（ハッブルの法則、1929年）、宇宙が膨張していることをはじめて観測的に発見した。

ハッブル

⑤ジョルジュ・ルメートル ●1894～1966年
ベルギーのカトリック神父・天文学者・物理学者
1931年、宇宙は“原初の原子”の爆発から誕生したとする仮説を発表。これが後の“ビッグバン（大爆発）”宇宙論の誕生のしかたを予言することになった。しかしルメートル自身は宇宙は“神の創成”で生まれたと言いたかったため、自説を“原初の原子宇宙論”と呼んでいた。

ルメートル

⑥ジョージ・ガモフ ●1904～1968年
ロシア生まれのアメリカの理論物理学者・宇宙論学者
原初の原子から爆発的に誕生して膨張するというルメートルの宇宙の見方を強力に支持し、この説に立って物質の生成理論（“火の玉”宇宙論）を構築した。素人向けの大量の書物を書き、宇宙論を一般社会に知らしめた。

ガモフ

⑦フレッド・ホイル ●1915～2001年
イギリスの天文学者・物理学者
ルメートルの宇宙の見方からは、理論的にビッグバン宇宙論といまひとつの宇宙論（ホイルの提出した定常宇宙論）が生じる。ホイルは他方を「あれはビッグバンだとさ」とラジオで皮肉ったが、それが現在の主役理論の名称となり、彼自身の定常宇宙論はさしあたり霧の中に消えている。後に彼はビッグバンを拒絶する理由を「他の科学者たちがあの理論を好むのは、あれが“神の宇宙創成”と重なっているからだ」と述べている。

写真／Lowell Observatory、NASA、AIP/Niels Bohr Library／Yazawa Science Office

作成／矢沢サイエンスオフィス

は無限の過去から存在したと考えていた。また青年期はヘビー級ボクサーであったハッブルは、自分の観測データがそのようなアイディアに利用されることを好まなかった。

ハーバード大学のいかれた教授

だが、読者もすでに気づいたかもしれないように、ビッグバン宇宙論は、実際の宇宙を説明するには**話があまりにも単純**である。とりわけ近年の天文学者たちの宇宙観測の結果を見ると、**ビッグバン宇宙論では説明困難ないし不能**な観測的事実が次々と姿を現しているのだ。

そもそも根本的疑問として、ビッグバンの瞬間に現れた超高温・超高圧の〝火の玉〟はどこからどうやって現れたのか？　その火の玉は以前はどこで何をしていたのか？——その回答としてたびたび持ち出される仮説は「**〝無〟から突如誕生した**」とするものだ。だが、無からとはいったい何のことか？（40ページ**コラム**参照）

またはじめに星々が生まれ、それらが集まって銀河になったのか、それともまず銀河をつくれるほどの物質が集まり、その中で星々が生まれたのか？　さらに、星々や銀河を局部的に生み出す駆動力となったであろう重力の偏在はなぜ生じたのか？　いろいろな仮説は出されているものの、どれも仮説の域を出てはいない。

さらに近年ではまったく別の難題も次々に登場している。1990年代にアメリカの**ロバート・カーシュナー（図4-4）**という天文学者がとんでもない発見をした（筆者らは1999年に、当時〝**ハーバードのいかれた教授**〟と呼ばれていた彼にインタビューして公表している）。彼は、はるか遠くの超新星（巨大な星が死ぬ瞬間）をいくつも観測した結果、宇宙は一定の速さで膨張しているのではなく、**宇宙の〝膨張が加速している〟**と報告したのだ。

当時の天文学者や宇宙論学者は、彼の発表をほとんど無視していたが、以来わずかな時間が経つうちに、世界中の研究者がこれをとうに知っていた事実のように口にするようになった。いかれていたはずのカーシュナー教授は2004年、アメリカ天文学会長となった。

ダークエネルギー、ダークマターという黒い謎

しかし、宇宙の膨張が加速していることが明らかになると、宇宙論研究者たちの眼の前に新たな絶壁が立ち上がった。宇宙膨張を後押しして加速させている犯人は誰かとい

う壁である。その犯人の正体はいまのところ皆目わからないため、ご都合主義的ではあるものの、「**ダークエネルギー**」と呼ぶことになった。暗黒のエネルギー……事態はミステリー化した。そしてすでに、その正体を解き明かすべくいくつかの修正理論の候補があがっている。

なかでも最有力の候補はアインシュタインに関わるものだ。彼の**重力方程式に誤りがある**というのである。

アインシュタインがこの方程式を最初につくったときには「宇宙定数」（記号λ《ラムダ》）」という要素が組み込まれていた。ラムダは〝**負のエネルギー**〟を意味し、宇宙はこの不可解なエネルギーに満たされており、それは空間の反発力としてはたらくという意味だった。だが彼は後に宇宙定数をひっこめた。そして晩年に至り、「あれは私の人生の最大の失策だった」と後悔した――有名な話だ。

図4-4 ⬅カーシュナーらは、宇宙の膨張が加速している証拠を発見した。写真／矢沢サイエンスオフィス

ところが、この宇宙定数こそがダークエネルギーの正体ではないかとする議論が21世紀になってから登場した。天国で後悔しているアインシュタインをもういちど後悔させようというのだ。そして、正体不明のダークエネルギーは**全宇宙の質量の68%**を占めているということになった。

いまひとつのやはり巨大なミステリーが「**ダークマター（暗黒物質）**」の存在である。これは、銀河がなぜ星の大集団として重力によってまとまっているかを説明するときの矛盾を埋めるためにひねり出されたものだ。

望遠鏡で観測される銀河の質量から計算される重力の合計をもとにすると、**回転する銀河内の星々は外宇宙へと飛び散ってしまい**、銀河そのものが雲散霧消するはずである。星々が生み出す合計重力では、銀河の回転運動の遠心力に耐えられないからである。

だが実際には、銀河内の星々は少しもふらついていない。ということは、**見えるもの以外にはるかに巨大な何者かが存在する**こととなる。だが観測ではその犯人はまったく見つからない。そこで宇宙論学者たちが暗闇から連れてきたのがダークマターである。その正体不明の物質（質量）は、観測可能な宇宙の合計質量の27%に達する。

人間には宇宙の5%しかわからない

さて、いま見てきたダークエネルギーとダークマターを合計すると、宇宙の全質量の95%にもなってしまう。言いかえると、われわれが宇宙の主役の物質だと思っている星々や惑星などをすべて合計しても、宇宙質量の5%にもならないのだ。何とか理解できそうなのはわずか5%に関してであり、残りの95%のことは皆目わからない――

これで現在の宇宙論学者や天文学者、読者や筆者ははたして、宇宙についてそこそこ理解しているなどと言えるだろうか。正直者ならほとんど何もわかりませんと告白すべきではないのか。

ビッグバン宇宙論は、20世紀後半に世界の大半の宇宙論学者や天文学者が支持するようになった文字どおり宇宙スケールの仮説である。だがこれは同時に、年月の経過とともに数々のより新しくより深い疑問をも提起している。そのためこの宇宙論はいまも、仮説から抜け出て成熟した**科学理論のレベルに達したとはとうてい言えない**のである。●

宇宙はなぜ〝無〟から生まれるのか？

■真空のエネルギーから生まれた宇宙

本文では、〝無〟から誕生した宇宙がいまのような姿になるまでの過程を簡潔に追った。しかしこれでは、宇宙がなぜ、どのようにして無から誕生したのかについては何もわからない。実際には肝心なこの問題についての現実的な仮説や理論はなく、いくつかのかなり**難解な見方があるのみ**だ。ここでは、それらのうち比較的よく知られている見方をとり上げる。

それは量子力学、つまりミクロの世界の物理学を用いてこの究極の疑問にチャレンジしたものだ（量子力学については第3章参照）。最初のチャレンジャーは、現在アメリカのタフト大学教授である**アレクサンダー・ビレンケン**（**図4-5**）であった。彼はもともと旧ソ連圏（現ウクライナ）出身で、若い頃は秘密警察KGBに誘われたり夜警をやったりしながら物理学を独学していた。そして1976年にアメリカに亡命した。

図4-5 ⬆「宇宙は〝無〟から生まれた」と言うビレンケン。
写真／Lubos Motl, Lumidek

ビレンケンの1982年の論文によると、生まれたばかりの宇宙には物質は存在しないものの、それは「**真空のエネルギー**」に満ちた非常に小さな宇宙（**量子**

column

宇宙）であった。そしてこのミクロの宇宙をさらに過去へさかのぼると、物質どころか**時間も空間も存在しない“無”**に行き着くという。

“ゆらぎ”で宇宙がしみ出した？

しかしこの無は、われわれが考えるような何も存在しない状態という意味ではない。それは量子力学で定義される真空、すなわち「**正粒子と反粒子がたえず生成しては消滅している状態**」のことだ。同様にそこでは、“宇宙のタネ”というべききわめてミクロな時空も現れたり消えたりしている。つまりその無は、**存在と非存在が“ゆらいでいる”**状態である。

何もないところで宇宙のタネがゆらいでいるというのは矛盾のように思える。物質がなく時空もないところに物理法則があるはずはないとわれわれは考える。だが量子力学の世界ではそのような状態が許されるというのだ。

あるときこの宇宙のタネが、「**トンネル効果**[*4]」（**図4-6**）によって現実のものとして出現した。するとそれはたちまち**インフレーション**と呼ばれる途方もない爆発を引き起こし、以後、ビッグバン宇宙として進化していったというのだ。

ビレンケンは、宇宙が何もないところから生まれたとする見方は、いまから3000年前の古代インドで考えられていた“古代の卵”と同じものだと述べている。インドの神話「チャンドーギャ・ウパニシャッド（古代卵）」にはたしかに、「**無存在から存在が生まれた**」と書いてある。

先ごろ死去し、第5章でとり上げているイギリスのスティーヴン・ホーキングらも1983年に、「**虚の時間（虚時間、虚数時間）**」という見方を用いて、ビレンケンと同様に、**宇宙は無から生まれた**と主張した。ここで言う虚とは、2乗するとマイナスになる数字である。

虚の時間の宇宙は現実世界には存在しないものの（＝無）、量子力学ではこのような**宇宙が確率的に現実の時間へとトンネル効果でしみ出す**瞬間があり、それがわれわれの知っているこの宇宙の最初の姿になったというのである。ただしこれらの説はその後さまざまに修正もされているので、これが宇宙論学者の引き出した最終回答というわけではない。＊

図4-6 トンネル効果

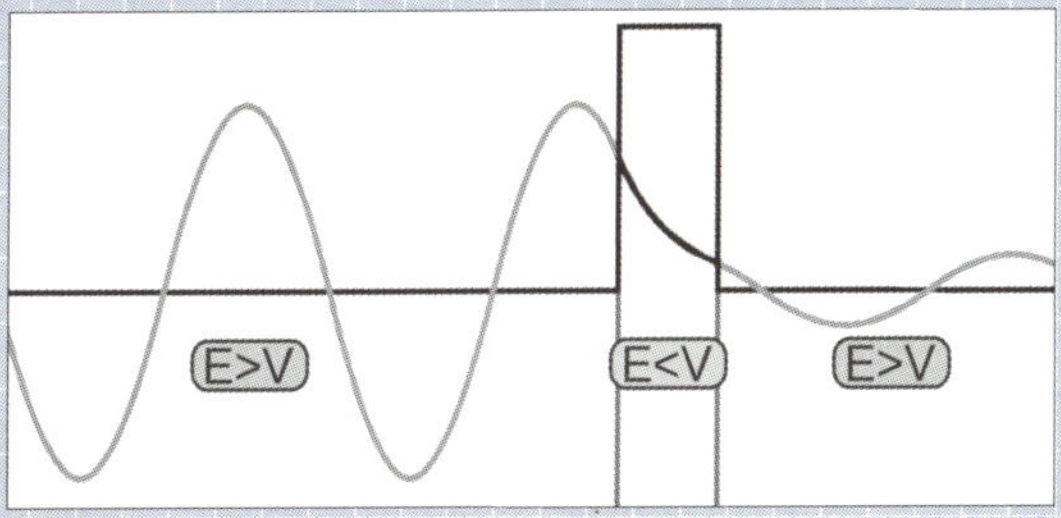

⬆エネルギー（E）が“障壁”（中央の長方形）の高さ（V）より低いにもかかわらず、トンネル効果によって通り抜ける粒子（波で表現）。　資料／Felix Kling

*4 トンネル効果
古典力学では、理論的に一定のエネルギーを必要とする反応や運動は、対象がそれ以上のエネルギーをもたないかぎり起こらない。だが、量子力学ではまれに、粒子のもつエネルギーがそれより低くても反応や運動が起こることがある。これを「トンネル効果」という。

第5章◎スティーヴン・ホーキングの仕事●*Stephen Hawking*

“蒸発し消滅する”ホーキングのブラックホール

◆◆◆車椅子の宇宙論学者が死んだ日

2018年3月14日、**スティーヴン・ホーキング**（図5-2）が死んだ。宇宙論とか理論物理学などという科学分野にほとんど興味も知識もない世界の無数の人々も、メディアの大ニュース扱いによって、「ホーキングとかいう**車椅子の科学者**が死んだらしい」と知らされた。

ホーキングが世界的に、それも一般人に知られていた最大の理由は、その研究業績の故ではなく、ときおりメディアの写真で目にする、「非常に重い病気で、話すことも動くこともできない有名な科学者」の外見にあった。あるいは、彼の話したいことを空気振動に変えて人々が聞きとれるようにしてくれた抑揚のないコンピューター合成音声だけが記憶に残っている人もいるかもしれない。人々は、非常な困難を抱えながら大事を成し遂げた人間を畏敬するが、他方で世俗的興味を示さずにはおかない。

第二次世界大戦中の1942年にイギリス、オクスフォードで生まれたホーキングが、青年期に発症して生涯苦しみ続けた病気は、**筋萎縮性側索硬化症（略称ALS）**と呼ばれる。これは、大脳や末梢神経からの命令を筋肉に伝える神経細胞（運動ニューロン）がその機能を不可逆的に失っていく病気で、多くは数年で死に至る。

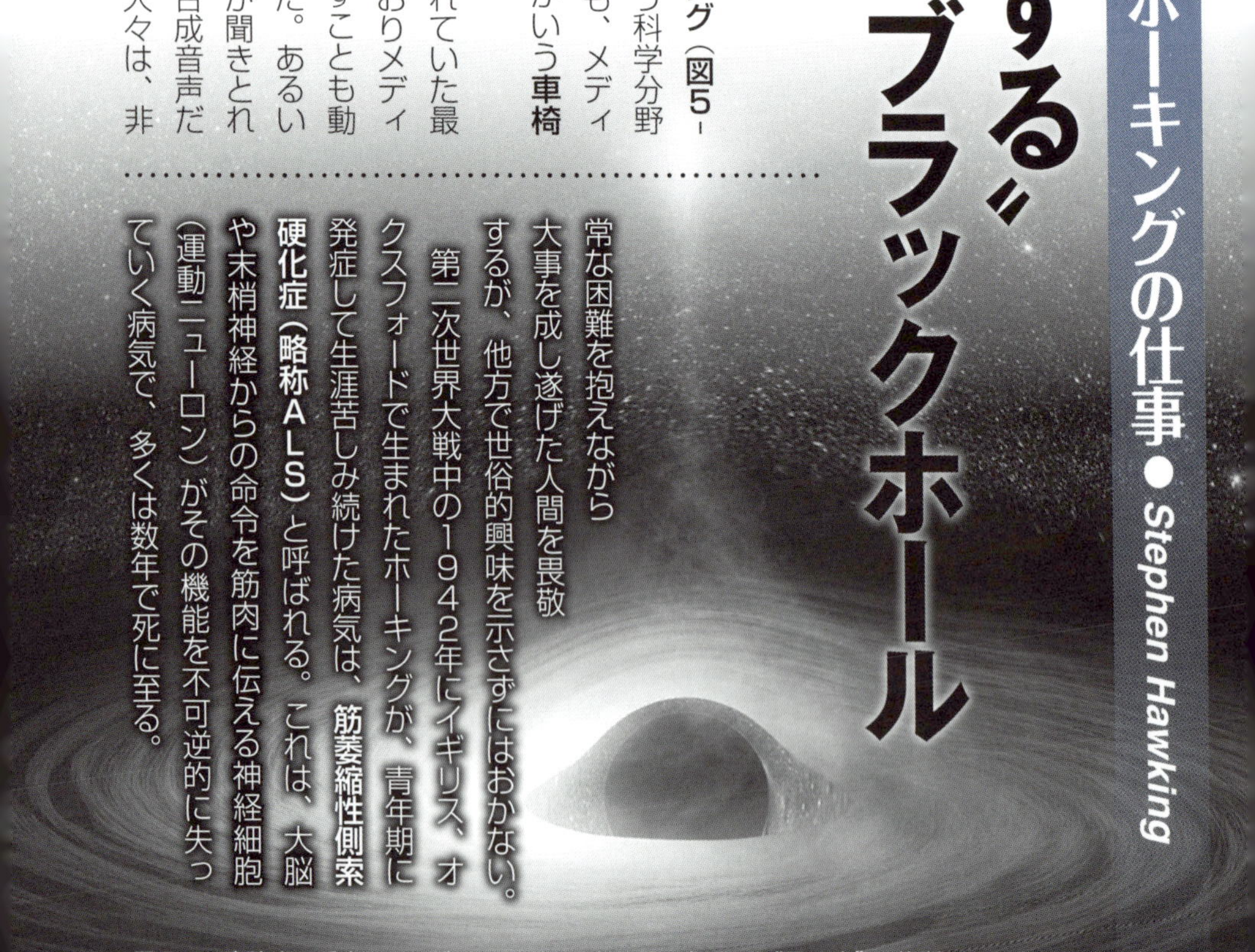

図5-1 ⬆強大な重力をもつブラックホール（イメージ）。この“黒い穴”に物質が落ち込むとき、とてつもないエネルギーが解放される。 イラスト／NASA／JPL-Caltech

図5-2 ⬇2008年、NASAの50周年にあたる記念講演で「われわれはなぜ宇宙に行くべきか」を“語る”ホーキング。
写真／NASA/Paul Alers

現在日本にも1万人ほどの患者がおり、年々急増中だが治療法はなきに等しく、難病指定である。同じ病気はアメリカではむしろ「**ルー・ゲーリック病**」と呼ばれることが多い。これは20世紀前半に〝アイアンマン（鉄の男）〟と呼ばれながらこの病気のため37歳にして死んだ英雄的な野球選手ルー・ゲーリックに由来する。だがホーキングの場合は、この病気の患者としてはまれなことに76歳まで生きた。彼の残した業績には誰しも驚かされるが、この難病患者としては異例に長い生存期間も医学的な意味で驚きである。

ホーキングは、宇宙の本質を探究する理論物理学者・宇宙論学者である。**一般相対性理論**の上に立って、この宇宙がどのように誕生し（**ビッグバン宇宙論**。第4章参照）、またまったく不可解な天体である**ブラックホール**とは何かを問い続けることが、彼の中心テーマであった。そして自分が**完全なる無神論者**だと何度も明言した。迷信深い一般社会がどう言おうが、宇宙の本質を科学的に考察すれば、この世には神も仏も存在しないというのである。

◆◆◆ この宇宙も究極の未来はブラックホール？

ホーキングは石頭の物理学者などではなく、ユーモアのセンスも抜きん出ていた。各国の著名な科学者たちと、さまざまな物理学的な疑問や仮説が実証されるか反証されるかを賭け事の対象にしたりした。

もっとも、賭けにはたいてい負けて、他人から貰った記念品などを賭けの相手にとられたりした。つい2013年には、未発見の最後の粒子とされた「**ヒッグス粒子**」[*1]が発**見されないほうに賭けていた**が、発見されたというニュースが世界に流れてやはり負けた。ヒッグス粒子の理論的予言者は即、ノーベル賞を受賞した。

　ホーキングに肩入れする気はないが、この粒子の存在が実験で確認されたか否かに、研究者でない筆者はいまも疑問を抱いたままだ。この粒子の発見騒動の直後、『ヒッグス粒子とはなにか』（ソフトバンククリエイティブ）、『ヒッグス粒子と素粒子の世界』（技術評論社）と題する2冊もの本を、ドイツ人科学ジャーナリストなどと共著した。だが日本で〝発見〟とされたままになっているこの粒子について、欧米の科学メディアはその後〝実験途上〟へと後退している。

　本題に戻ると、ここでは彼の業績のうち、研究者にとっても一般読者にとってもおそらくもっとも興味深く、かつ天体物理学の分野でとりわけ重要な研究に注目してみる。それは「**ブラックホールは蒸発する**」という予言だ。

　ホーキングは、オクスフォード大学のやはり世界的な物理学者・数学者**ロジャー・ペンローズ**（**図5-3**）と協力して、1970年、宇宙論を次のように定義した。それは、「アインシュタインの一般相対性理論に立つと、**空間と時間（=宇宙）はビッグバンによって始まり、ブラックホールとして終焉する**」というものだ。話が前後するが、宇宙がブラックホールとなって終わる（消滅する）という仮説は、この時点ではまったく新しいものだった。

図5-3 ⬆ホーキングとともにブラックホール理論を発表したペンローズ。写真／Heinz Horeis／矢沢サイエンスオフィス

　当時からつい20年ほど前まで、**宇宙の最終的運命**は3つのうちのいずれかと見られていた。第1は、誕生以来いまも続いている宇宙膨張がどこまでも続いて宇宙はしだいに希薄になり、ついには冷え切った暗黒空間になる。第2は、宇宙の膨張は非常にゆっくり進み、やはり究極的には冷えた暗黒空間となる。そして第3が、宇宙膨張は自らの重力に引かれて途中で停止し、そこから一転して収縮に転じ、ついに誕生の瞬間へと逆戻りして消滅する……ホーキングとペンローズの予言は第3に近いが、違いは、そこに宇宙は最終的にひとつのブラックホールと化すという具体的シナリオをつけ加えたことだ。

＊1　**ヒッグス粒子**
素粒子モデルにおいて、本来質量をもたない素粒子は「真空の自発的破れ」という現象を通じて質量を獲得するという。このとき、素粒子に質量を与える存在としてピーター・ヒッグスらが導入した仮想粒子がヒッグス粒子。2012年、セルン（ヨーロッパ原子核研究機構）はその存在をほぼ検証したと発表したが、従来の理論に合わない点なども指摘されている。

図5-4　ブラックホールの蒸発と事象の地平線

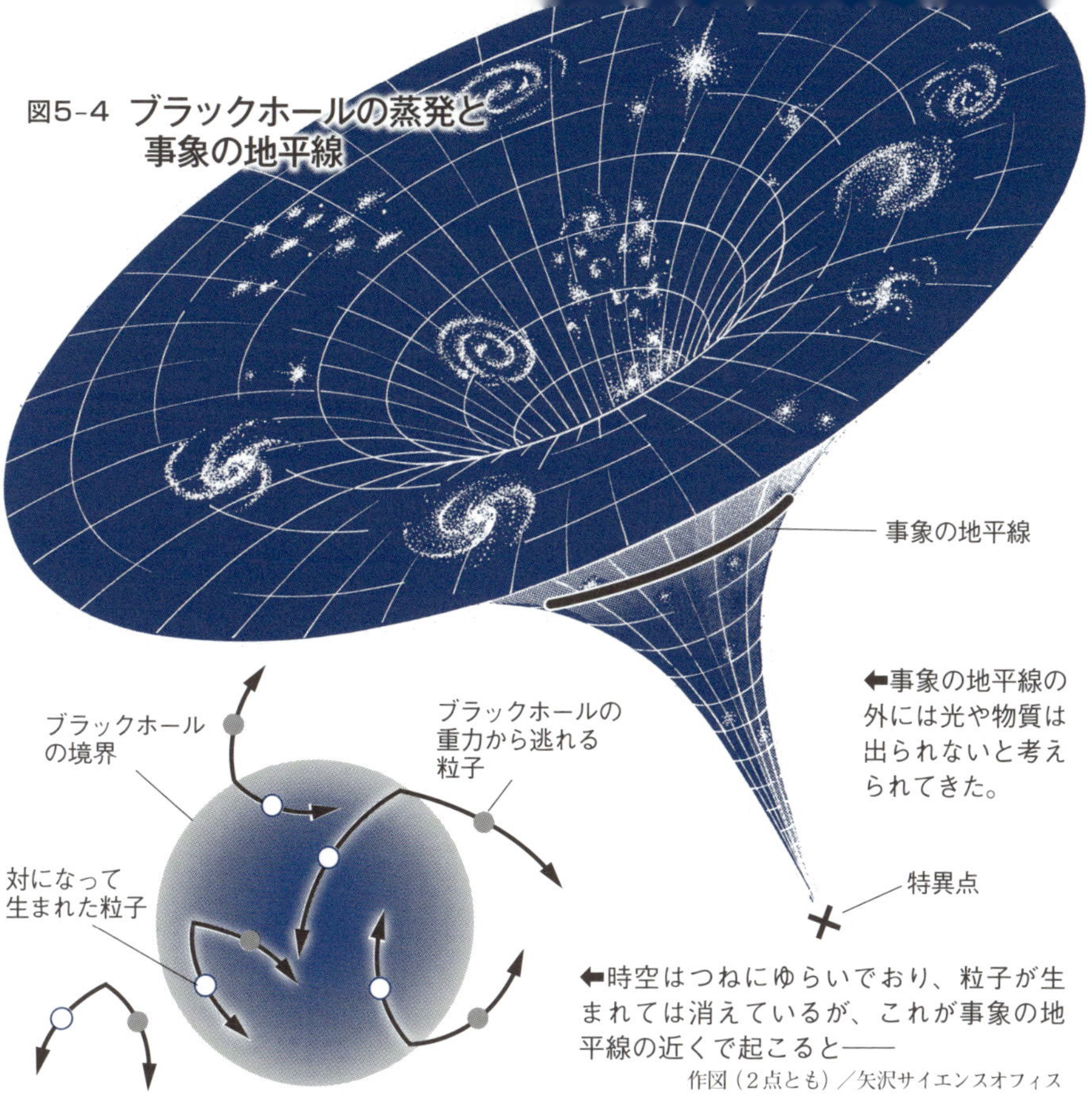

←事象の地平線の外には光や物質は出られないと考えられてきた。

←時空はつねにゆらいでおり、粒子が生まれては消えているが、これが事象の地平線の近くで起こると——

作図（2点とも）／矢沢サイエンスオフィス

もっとも、当時の宇宙の最終的運命の仮説がいまもそのまま生きているわけではない。その後この宇宙では、予想もされなかった観測的事実がいくつも発見されたからだ。**宇宙膨張の加速、ダークエネルギー**の存在などだ。

ともあれ、当時の彼らの仮説を宇宙の真の運命にあてはめるには非常に困難な作業が求められる。というのも、一般相対性理論と、20世紀のいまひとつの物理学の遺産である「**量子論**」を合体し、唯一究極の理論を生み出さなくてはならないからだ（この問題については第3章、63ページ参照）。

◆◆◆ブラックホールは〝真っ黒〟ではない

しかしここでさしあたり注目するのは、ホーキングがこの仮説を生み出す過程で導き出した2つの真新しい予言についてである。そのひとつは、「**ブラックホールは完全なブラック（真に真っ黒）ではなく、その表面からは宇宙空間へとエネルギーが逃げ出しており、それによってブラックホールは最終的に消滅する**」というものだ。

ここで言うブラックホールの表面は「**事象の地平線**」と呼ばれる(**図5-4**)。事象とは物理的世界の一切合財である。彼以前のブラックホールの定義では、ひとたびこの地平線の内側に落下した、つまりブラックホールの強大な重力によって内部に吸い込まれたすべての**物質も光も、二度と外の宇宙には出られない**とされていた。そのため、この定説を否定するホーキングの予言に世界の科学者は仰天した。

事象の地平線からエネルギーが逃げ出すことは一般的に「蒸発する」と表現される。しかしこの蒸発は水蒸気のようなイメージではなく、**熱(熱的)エネルギーの放射**のことだ。ブラックホールはあらゆる波長の可視光(電磁波)を吸収するいわゆる〝**ブラックボディー(黒体)**〟と見られてきたが、もし真の黒体なら、外部からの物質や光は吸収される一方で、外部にはいっさい放出されないことになる。

ちなみに、巨大な星が**重力崩壊**(左ページ**コラム**)したときに**体積のない密度無限大の〝点〟**へと収束するというブラックホール的な概念は、すでに20世紀前半には姿を見せていた。1965年にこれを簡潔・完璧な数学を用いて証明したのは、ホーキングの共同研究者で前出のロジャー・ペンローズである。相対性理論が崩壊する(=理論が通用しない)この点を彼は「**特異点(重力特異点)**」と呼んだ。この「**物質とエネルギーが十分大量に集まれば、そこでは4次元時空が消滅する**」とするペンローズの予言は、いまでは一般相対性理論への最大の貢献とされている。

ちなみに、時空が崩壊したこの奇妙な天体に「ブラックホール」という見事な命名をして一般社会にまで知らしめたのは、アメリカの**ジョン・ウィーラー**(**図5-5**)である。

図5-5 ⬅ブラックホールの名付け親ジョン・ウィーラー。
写真/AIP/矢沢サイエンスオフィス

◆◆◆ ブラックホールが〝蒸発〟する理由

ところで、さきほどの「ブラックホールは蒸発する」というホーキングの予言は面倒な問題を引き起こす。この予言が「ブラックホールは(従来考えられていたような)完全な黒体ではない」とするところから始まったからだ。

ホーキングの見方では、ブラックホールはその表面から熱を放射している(後に「**ホーキング放射**」と呼ばれる)。とすると、時間さえ十分にあればブラックホールは徐々にやせ細り、ついには消滅することになる。

彼のこの予言は、そこに**量子力学**の視点を持ち込んだ結果である。量子力学の見方では、時空（真空）の実態は奇妙なものだ。それは静止した容れものではなく、時空ではつねに〝**粒子（正粒子）と反粒子のペア**〟が出現している。そして次の瞬間、両者が合体して姿を消す。前者は「**対生成**」、後者は「**対消滅**」と呼ばれる。時空ではこれがたえずくり返されることにより〝ゆらいでいる〟。

そこで、もしこの量子力学現象がブラックホールの事象の地平線のすぐそばで起こったら何が起こるか？

この場合、正粒子とその反粒子は結合してそのまま消滅するというわけにはいかない。というのも、分裂後の粒子の**一方がブラックホールに落下し、他方が宇宙空間に飛び去ってしまう**可能性もあるからだ。そして、こうした現象が十分に長い時間くり返されれば、ブラックホールの外に逃げる粒子（熱的エネルギー、質量）は莫大となり、ついには**ブラックホールそのものが宇宙から消え去る**——

この予言こそが、他の物理学者たちと一般の物理学ファンの頭をくらくらさせることになったホーキング放射である。もっとも、こうしてブラックホールが消滅するまでには何十億年、何百億年とかかるかもしれないが。

ブラックホールが真っ黒ではないというのは、こうして物質が熱的放射としてつねに宇宙空間に流れ出ているので、表面は〝かすかに明るい〟という意味である。もちろんこれは比喩的表現なので、現実にはどんな天体望遠鏡をのぞいてもブラックホールが見えたりはしない。

ちなみにホーキングの2つ目の重要な貢献は、すでに40ページのコラムで触れているように宇宙は無から生まれたとする予言で、これはアレクサンダー・ビレンケンと類似する立場である。●

column

巨大な星の「重力崩壊」

太陽の数倍以上の質量をもつ巨大な星（恒星）は、自らの重力によって中心にむけて凝縮しようとしている。他方、中心部では核融合反応で生まれた超高温プラズマが星を膨張させようとしており、**両者は均衡して星の形を保っている。**

星が進化の一生の最後にさしかかって中心部の核融合が弱まると、しだいに膨張力が低下し、**ある時点で重力が膨張力を上回る。**その瞬間、星は中心にむけていっきに落下（重力崩壊）し、次の瞬間に大爆発を起こして超新星となる。超新星の後にはブラックホールが残される。

第6章

リーマン幾何学

「純粋数学」って何のこと?

◆◆◆天才数学者が社会の役に立つとき

「あなたの研究は私たちの社会のどんなことに役立つんでしょうか?」——メディアの厚顔な質問者がノーベル賞受賞者にこうたずねる。すると受賞者からはしばしば、いかにも困惑した表情が返ってくる。

もちろんそうした業績の中には、コンピューターのIC(集積回路)のような高度技術や、iPS細胞*1のような革新的医療につながる研究もある。だが多くの場合、ノーベル賞を受賞したような科学者が研究のエネルギーにしたのは自身の知的好奇心である。それが人間社会の役に立つかどうかは二の次、というよりそうした実利にはまるで無関心の人もめずらしくない。

とりわけ数学者は、その傾向が際立って強い。彼らは目の前の問題にとりついて解法を見つける。するとただちに次の謎を見つけだして解法を探し求める。それは彼らの生来の特質、というより性癖でさえある。

数学の中でも、とりわけ論理や法則、概念をひたすら追求する「**純粋数学**」(54ページ**コラム**)は、異常なまでに純粋な知的欲求、あ

*1　**iPS細胞**
体のさまざまな細胞に変化する〝万能細胞〟で、人工多能性幹細胞の英名の略。2006年、京都大学教授の山中伸弥が作成。患者のiPS細胞を利用すれば、免疫の拒絶反応のない臓器や組織を生み出すことが理論的に可能。眼の網膜などで臨床試験が始まっている。また難病患者のiPS細胞を利用して、病気のしくみの研究や薬の開発なども行われている。

*2　**ヒルベルト空間**
ドイツの数学者ダフィット・ヒルベルトがユークリッド空間を無限の次元に一般化したもので、複素数を係数にもつベクトル(方向性をもつ数)

るいは高度でマニアックなゲームのようでさえある。こうした研究は、一般社会では何の役にも立たない自己充足を求める世界ではないのか？

事実はそうではない。数学は、ときに数十年後あるいはさらに**先の未来の物理学が必要とする自然界の〝理解の形式〟を前もって提示すること**が、少しもめずらしくないからだ。量子力学における「**行列**」や「**ヒルベルト空間**[*2]」がそうであったし、物理や化学のさまざまな分野で不可欠となっている「**群論**[*3]」も同様であった。

そうした予言的な業績を残した数学者のひとりが、19世紀を生きた**ベルンハルト・リーマン**（図6-1）である。若くして逝くことになる彼の人生は悲劇的であったものの、数学における彼の業績は、後の物理学の発展に途方もない貢献を果たすことになる。

リーマンは1826年、ハノーファー王国（現ドイツ北部）で、貧しい牧師の父親と裁判所評議員の娘であった母親の間に、6人の子の2番目として生まれた。父親

図6-1 ⬇幾何学を大きく変容させたベルンハルト・リーマン。他人と交わるのが苦手だったが、学生時代の唯一の友として数学者のリヒャルト・デデキントを得た。

写真／Familienarchiv Thomas Schilling

を要素とする空間。ニュートン力学が系の状態をユークリッド空間で表すように、量子力学では系の状態をヒルベルト空間で表す。

はその後エルベ川河畔の小村の牧師になったが、相変わらず貧困のままであり、母親は子どもたちが成人する前に死んだ。

　地元に適切な学校がなかったため、リーマンは遠方の学校に通ったものの、極度に内向的な彼は人づき合いがまともにできず、学業のラテン語だけでなく母国語（ドイツ語）の作文も苦手で、他人の前でうまく話すこともできなかった。もしここで数学に出合うことがなく、また外で生活費を稼ぐ必要もなかったなら、彼は地元の村に引きこもったまま生涯を終えたかもしれない。

　だがリーマンは、数学にだけは異様なまでの興味を示した。これに気づいた校長は自分の蔵書を次々に彼に貸し与えた。するとリーマン少年は、いかにも難解な数学書をいとも容易に読みこなした。校長が、フランスの数学者**アドリアン・ルジャンドル**の900ページ近い大冊『**数論**』*4を貸すと、1週間もたたずにその本を返してきた――その本の余白に、「驚きに満ちた本です。私はそらで覚えました」と書き入れて。

　1846年、リーマンの父は息子をプロテスタントの牧師にするため、入学費用をかき集めて彼をゲッティンゲン大学に入学させた。だが彼はそこで早々と方向を転じ、数学を専攻した。というのも、当時この大学には大数学者**カール・フリードリヒ・ガウス***5がいたためである。だが、ガウスは講義では初歩的な問題しか語らなかったため、リーマンは若く優秀な数学者が多いことで知られるベルリン大学に一時的に移った。

　ちなみにこの大学に在学中の1848年、彼は、パリの2月革命を起点として**全ヨーロッパに燃え広がった民衆革命***6に遭遇し、王城警護の学生部隊に加わるという経験もすることになった。

◆◆◆◆◆ 「リーマン幾何学」を生み出した男

リーマンは1851年、「**複素関**

＊3 群論
特定の性質をもつ数や記号について、演算や操作を行った後にも性質が変わらないとき、それを「群」と呼び、群についての理論を群論と呼ぶ。群論を用いると対象の対称性が明らかになるため、物理や化学で汎用される。19世紀のフランスのエヴァリスト・ガロア（ピストル決闘により20歳で死去）がその基礎を築いた。

＊4『数論』
数の概念や性質、解析法などについて、17～18世紀の数学の成果を集大成したルジャンドルの著書。邦訳は『数の理論』（海鳴社）。

＊5 カール・フリードリヒ・ガウス（1777～1855年）
ドイツ生まれの数学者。18歳で正17角形の作図法を発見、1802年には最小2乗法を用いて小惑星ケレスの軌道計算を行った。整数論、曲面論、解析学など数学の幅広い分野で業績をあげ、天文学、測地学、光学、磁気学などでも活躍した。1833年には同僚と実用的な電信機を開発した。

図6-2 リーマン球

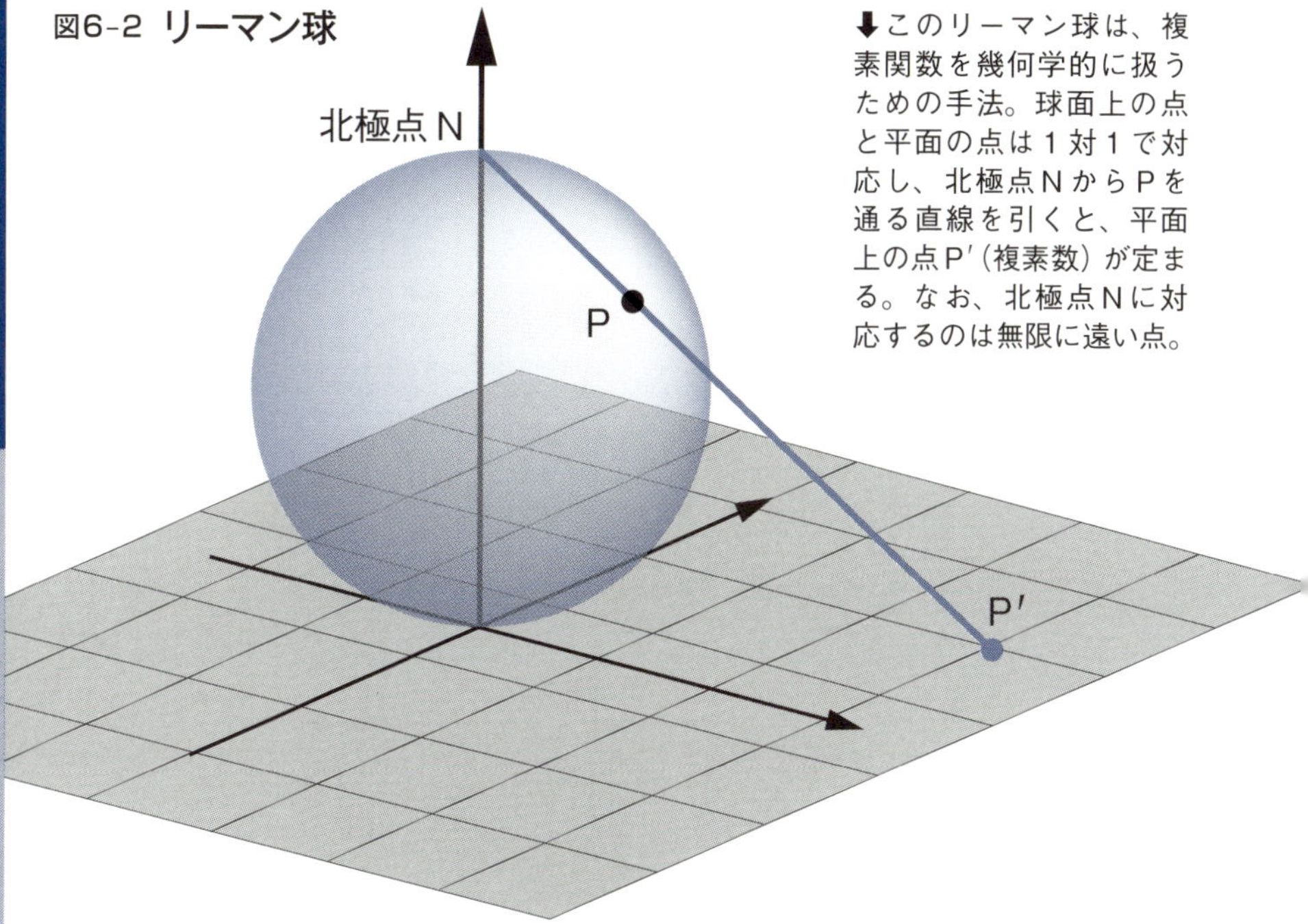

⬇このリーマン球は、複素関数を幾何学的に扱うための手法。球面上の点と平面の点は１対１で対応し、北極点ＮからＰを通る直線を引くと、平面上の点P′（複素数）が定まる。なお、北極点Ｎに対応するのは無限に遠い点。

数」[＊7]を幾何学的に表して単純化する手法を博士論文にまとめた。ガウスが「賞賛すべき独創の産物」と評したこの手法は、その後「**リーマン球**」として知られることになる。リーマン球（リーマン球面）とは、シャボン玉やゴム風船のように中身のない仮想的球体の表面のことだ（**図6－2**）。

だが、数学の世界を大きく変えることになるリーマンのより重要な業績は、彼が教授資格を得るために行った講演、「**幾何学の基礎をなす仮説について**」（1854年）であった。

この中で弱冠27歳のリーマンは、本稿のタイトルに示したもの、すなわち後世「**リーマン幾何学**」と呼ばれるものの全容を描き出してみせた。これは以後の数学を一変させただけでなく、19世紀末から20世紀初頭にかけての物理学の大理論の誕生を牽引するものだった。

「空間は、3次元的なものの中の特殊な事例にすぎませ

＊6 民衆革命
1848年の自由主義を標榜する運動。パリの2月革命、ウィーンとベルリンの3月革命では憲法制定や普通選挙などを求めた。他方、イタリア、ハンガリー、ポーランドなどで民族統一と独立を求める動きが起こった。これらによりヨーロッパではナポレオン後の保守的体制が崩壊した。

＊7 複素関数
関数とは、対象となる数（変数）や幾何学的図形に施す決まった数学的操作のこと。複素関数は複素数（虚数を含む数）を変数とする。

ん」――リーマンは講演を始めるとすぐにこう述べた。

彼の言う〝特殊〟とは何のことか? 誰でも空間は縦、横、高さの3次元だと思っているので、頭の中に、互いに直交する3本の軸で表される空間を思い浮かべる。これは一言で言うと「**ユークリッド幾何学**」の空間、すなわち古代ギリシアの**ユークリッド**(**エウクレイデス**)がまとめ上げた幾何学空間の見方だ。

だがリーマンはここで、3次元にはユークリッド的空間以外の〝いろいろなもの〟が存在し得ると述べた。さらに彼は、幾何学を「何重もの広がりをもつもの」と定義した。つまり、数学の世界では、2次元や3次元どころか、4次元、5次元、はては10次元や100次元の幾何学も存在し得るというのだ。しかし、そのような人間の想像の外である幾何学をいったい誰がどうやって扱えるというのか?

リーマンは、**幾何学的な図形は〝連続する点(=無限小の点)の集合体〟**と考え、これを「**多様体**(**マニフォールド**)」と呼んだ。そして、それぞれの点の曲がり方(=**曲率**)しだいでどんな図形でも定義できることを示した。これは、どんな図形も〝空間の中〟に存在するという従来の常識をくつがえすもの、つまり**図形は〝空間に埋め込まなくても〟表現できる**ということである。

この見方によると、2次元(平面)を曲げたときに生じる曲面は、3次元(立体)のユークリッド空間の中にあると見るのではなく、純粋に2次元のままで扱うことができる。そしてこの手法は、4次元でも5次元でも、あるいは存命中のリーマンが予想もできなかった20世紀後半に生まれる物理学(**超ひも理論=超弦理論**。63ページコラム参照)が必要とする11次元でも、数学的に表現できるツールとなる宿命を背負っていた。

◆◆◆ユークリッド空間は特殊事例でしかない?

では、ユークリッド幾何学が扱う空間がただひとつの3次元ではなく、その3次元の特殊な例だというなら、それ以外の3次元の幾何学とはどんなものか?

2次元で見ると、ユークリッド幾何学は平面の幾何学だ。**平面は曲がっていないので曲率=0**である。ここでリーマンは、それなら「**プラスやマイナスの曲率の幾何学**も存在するはず」と考えた。プラスの曲率の2次元とはたとえば

*8 ガウスのほか、ハンガリーのボヤイ・ファルカシュ(ボヤイが姓)、ロシアのニコライ・ロバチェフスキーがマイナスの曲率をもつ曲面の幾何学について論じた。

ボールの表面のように丸くもり上がった球面であり、マイナスの曲率の2次元とはウマの鞍のようにへこんだ曲面である（**図6－3**）。同様に3次元以上の次元にも、曲率がプラスやマイナスの幾何学があり得る。

こうして見ると、**ユークリッド空間はたしかに、3次元の曲率がゼロの"特殊な空間"**でしかない。

リーマンが初期に師事した前述のガウスを含め、曲率がマイナスの曲面ではユークリッド幾何学が成立しないことに、他の数学者も気づいてはいた。[*8] しかしガウスは自らのこの研究を発表せず、他の数学者の研究もほぼ無視されていたので、リーマンはそれを知らなかった。にもかかわらずリーマンは、2次元だけでなく3次元においてもユークリッド幾何学が普遍的ではなく、特殊事例であることを看破した。彼は先人の踏み台なしに幾何学の地平をはるかかなたへと広げたのだ。

◆◆◆

「空間はどうあっても有限」

3次元は必ずしもユークリッド空間ではない――これは

図6-3 リーマンの宇宙

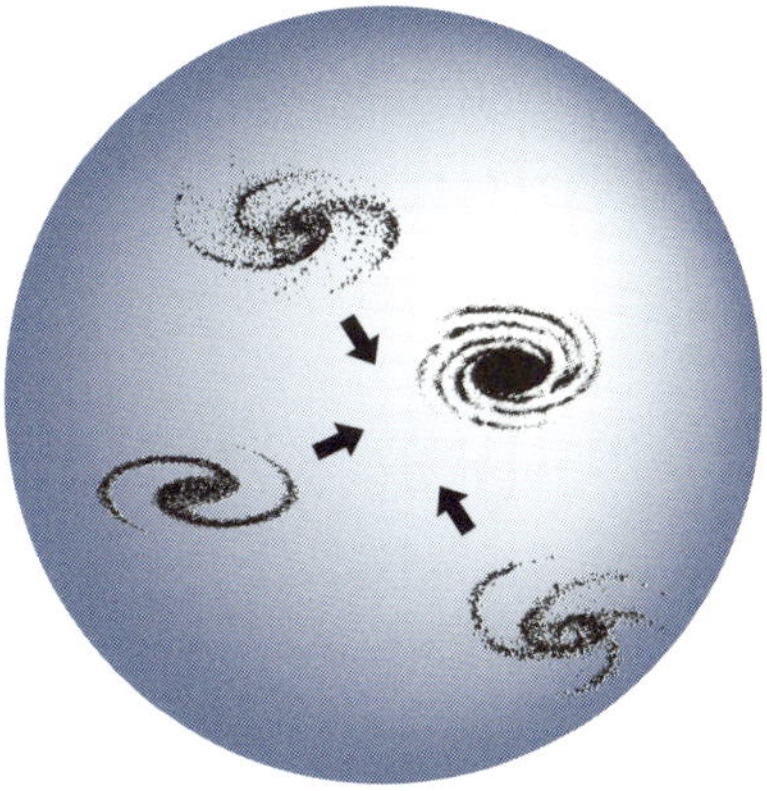

⬆曲率がプラスの宇宙は、空間が球のように"閉じる"ため、有限となる。

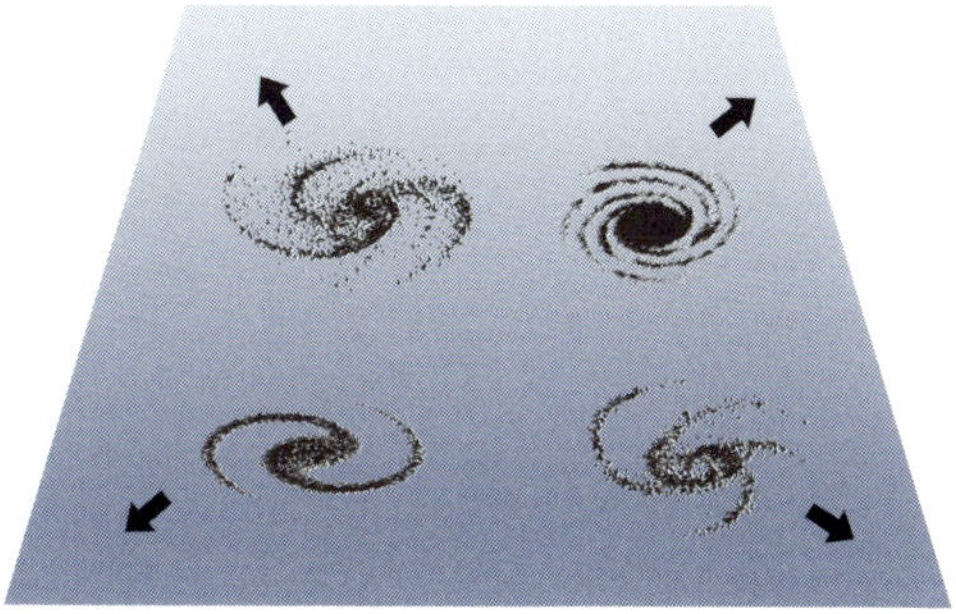

⬆曲率が0の宇宙は、ニュートンが考えた無限の広がりをもつユークリッド空間である。

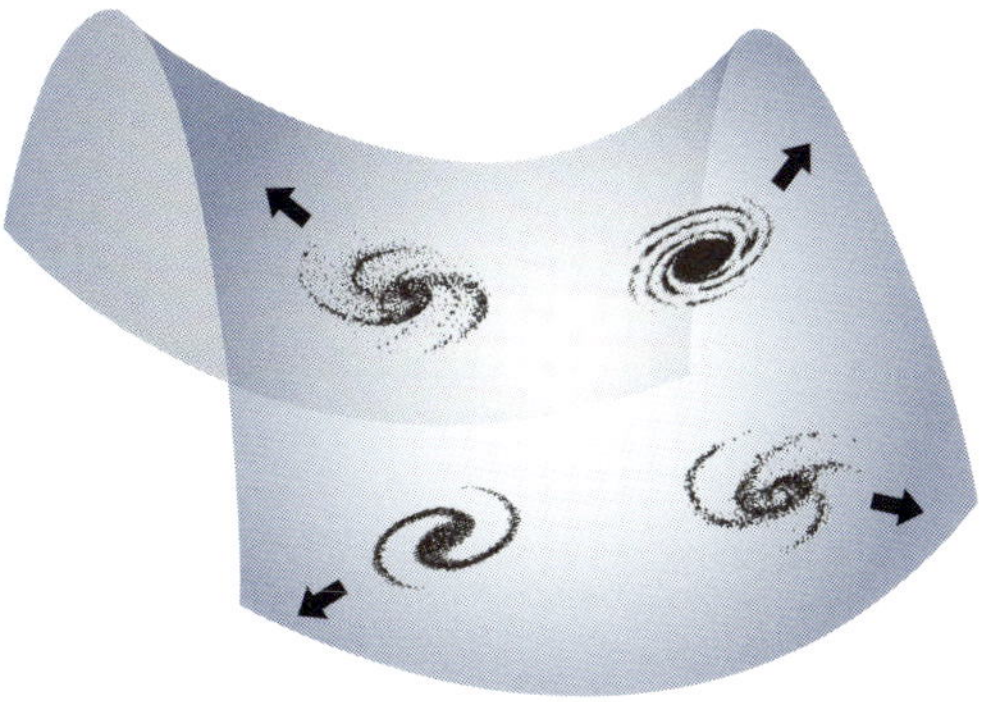

⬆曲率がマイナスの宇宙もまた無限となる。イラストはすべて空間を2次元として表している。

作図／高美恵子

column

純粋数学なんか怖くない

「**純粋数学**」というと、「とてつもなく難しくて面倒くさそう」と感じる人が多いだろう。だが、純粋数学は必ずしも難しくて複雑怪奇なものではない。

たとえば、1、2、3、4…という数字はもともと人や物、日付などを数えるために生まれた。だが、いまでは現実世界とは関係なく、数は数だけで成立している。−1個の星や−2本の木がなくても、−1や−2はそれだけで存在する。つまり、純粋数学とは、**具体的な事象から離れ、抽象的な世界を描く**数学のことだ。そこでは数の理論のほか、幾何学や量的変化、構造やパターンなどを扱う。

現実の足枷がない純粋数学はいくらでも自由にふるまえる。たとえば、宇宙は相対性理論によれば4次元時空だが、純粋数学は100次元でも200次元でも扱う。また、実存しない虚数（2乗して−1になる数）のような数を作ってもかまわない。

ちなみに純粋数学に身を投じた数学者には悲劇的な死を遂げた者が少なくない。古代ギリシアの**ゼノン**は暴君に惨殺された。集合論で知られる**カントール**は精神病棟で死に、不完全性定理を提出した**ゲーデル**は自ら餓死した。万能コンピューターの概念を提出した**チューリング**は男色の罪で投獄中に自殺した。

重大な疑問を突きつける。もしそうなら、われわれの宇宙はどうなのかという問題だ。

2次元では曲率がプラスの面は球の表面のように〝閉じる〟。では3次元では？ リーマンの答えはこうだ――「**曲率がどんなにわずかでもプラスなら、空間は必ず有限と**なる」

ニュートン以来リーマンの時代まで、〝宇宙は無限の空間〟と考えられてきた。だがリーマンの言葉に従えば、空間である**宇宙は実際には有限で〝閉じている〟かもしれない**というのだ。

ここで読者は思い当たるに違いない。〝**閉じた宇宙**〟といえば、よく知られているように、**アインシュタインの一般相対性理論**（第2章参照）が予言する宇宙の形のひとつである。リーマン幾何学はそればかりか、曲率がゼロやマイナスの「**開いた宇宙**」もあり得るとしている。これは相対性理論そのものではないか。

リーマンはさらに、曲がった図形の中の〝直線〟は、（2つの点を通る直線は1本であるとするユークリッド的な直線の定義と異なり）、**2点間を結ぶ最短距離**で示されることを示した。これもまた、「空間内の光は空間での最短距離を通る」とする相対性理論の定義と一致する。つまり**リーマン幾何学は、相対性理論の数学的枠組みをアインシュタインの数十年前に提示していた**のだ。

読者の多くが安心するかもしれないが、アインシュタインは数学が苦手だった。数式に拒絶反応を示したというのではないが、数式や関数や複雑な図形を見て直感的に理解するタイプではなかったのだ。そのため彼は、一般相対性理論のアイディアが浮かんだとき、友人の数学者**マルセル・グロスマン**に数学的な助言を仰いだ。このときグロスマンはアインシュタインのアイディアがリーマン幾何学にぴたりと当てはまることに気づいた。これを聞かされたアインシュタインは、以後独学でリーマン幾何学を学んだという。

もしリーマン幾何学が19世紀に生まれていなかったなら、アインシュタインが一般相対性理論の重力方程式にたどり着くまでにどれほどの時間を要したことだろうか。

◆◆◆うつと肺結核と肋膜炎の悲しい結末

リーマンは輝かしい数学的遺産を残したものの、その私生活は並の幸福とはほど遠かった。きまじめで生来の数学者であった彼は、他人と交わることがまったく苦手だった。彼が助手を務めた物理学者ヴィルヘルム・ヴェーバーの姪に恋心を抱いたが、声をかけることもできず、結局、自分の妹の友人と結婚した。

尊敬するガウスとの交流もほとんどなかった。ガウスは、リーマンの研究がガウス自身の研究を発展させたものであったにもかかわらず、あまり興味を示さなかった。

リーマンはたまに実家に帰ったときだけはくつろいだが、両親とも早くにこの世を去り、弟や2人の妹も立て続けに亡くなって、経済的に困窮し続けた。ゲッティンゲン大学の教授職についてはじめて困窮から抜け出たのだった。

人嫌いで極度に緊張する性格、冬のゲッティンゲンの厳しい寒さ——彼は**うつ病**、**肺結核**、さらに結核が原因で呼吸困難となる**肋膜炎**を次々に発症した。晩年には知人の好意で冬いくらか暖かいイタリアで過ごすこともあったが、病気がちの日々から解放されることはなかった。1866年7月20日、彼はイタリア北部のマッジョーレ湖畔で39歳の若さで死んだ。その2カ月後、ハノーファー王国はプロシア（現ドイツ北部）に併合され、短く悲劇的な生涯を送った数学者リーマンの母国は、永遠に地上から消え去った。●

第7章 「次元」とは何か？

0次元から始まってどこまで行くのか？

◆◆◆ 物事は〝点〟から始まる

いまこの瞬間、**読者が地球上のどこにいるか**を厳密に特定するための最少要件は何か？

答えはたった3つ、**緯度と経度と高度**である。これだけわかれば、読者が東京新宿のゲームセンターでゲームに夢中になっていても、アフリカ大陸ケニアの大草原でライオンの餌食になっていても、南極の厚さ2000mの氷に穴を掘って氷点下50度Cに耐えていても、その場所をすみやかかつ正確に特定できる。それは、**地球上の誰もが〝3次元の世界〟**で生きているからだ。

次元がこれほど便利なもの（概念、定義）である理由は2つある。第1に、誰もがつねに最少でも3次元の世界で生きていること、そして第2に、人間が感じとることのできる世界すなわち**3次元空間は、次元の説明にとって好都合にも、ニュートン力学（古典力学）**

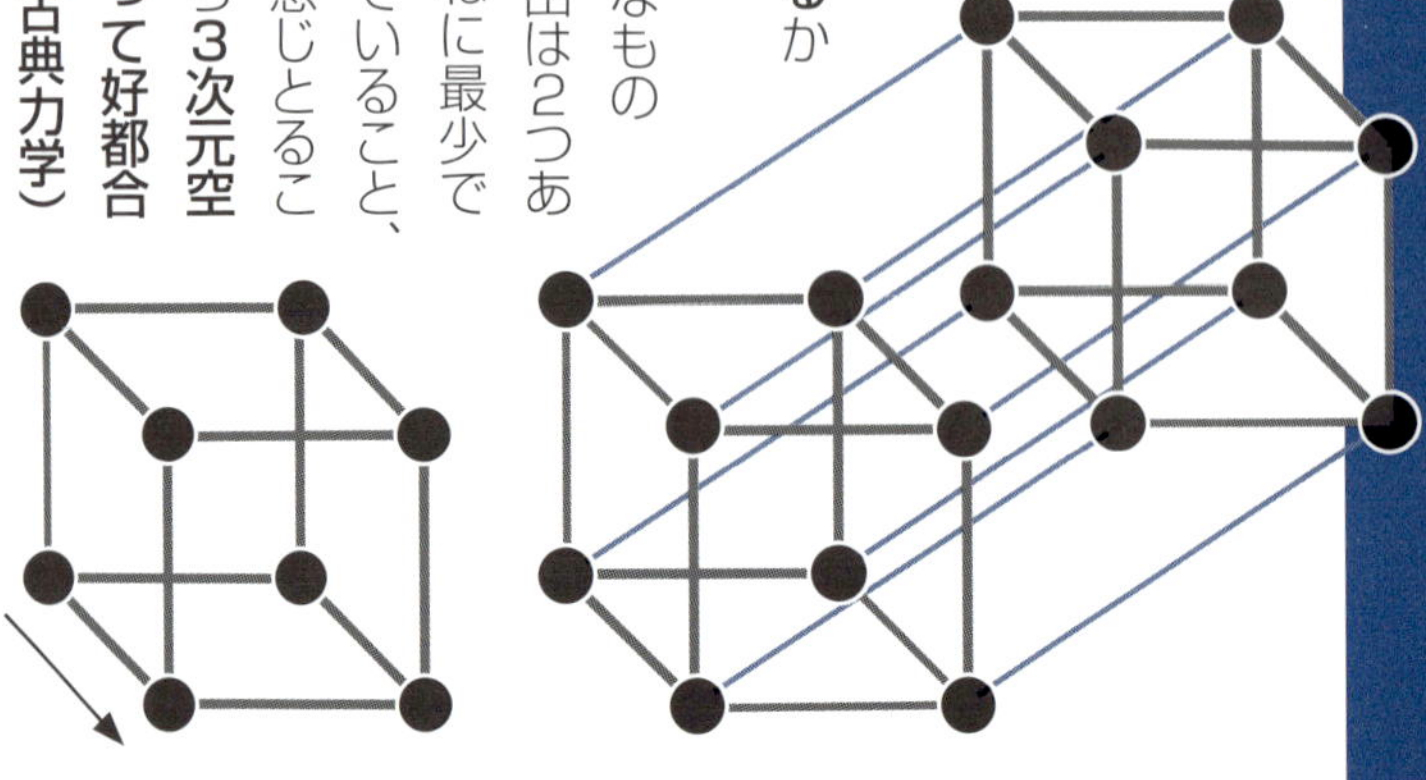

の世界に収まるからだ。もし人間が量子力学的な世界（第3章参照）をも感じとることができるとしたら、後述するように、ここで言う次元の意味は崩壊してしまう。

人によっては日常の会話で友人などにむかい、「きみの話は次元が低い」などと言って相手を怒らせることがあるかもしれない。次元という言葉のこうした使い方は誤りではなく、誹謗的形容としては多少上等でもある。

しかしここでとり上げる次元（dimensions）は、具体的で厳密な、つまり**数学や物理学における次元**である。さきほど3次元の例に触れたが、**数学や物理学の世界では3次元以外にも、0次元や4次元、5次元、さらにそれ以上の次元がある**。順に見ていくことにする。

◆◆◆ 0次元には性質がない

最初の次元は、言うまでもなく「**0次元**」である。0次元は点（point）、すなわち長さも幅も高さも、そしてもちろん体積もない。それは〝ある場所〟のことだ。

われわれは点と聞くと、たいていは非常に小さくて丸いものを思い浮かべる。紙の上に鉛筆やサインペンの先でトンとついたときにできる点である。長い文章をわかりやすくしたり前後の意味を区切るために打つ点、つまり句読点やピリオドの類である。

しかし数学や物理学では、**この点は0次元ではない**。というのも、紙に鉛筆などで打たれた点を虫眼鏡でのぞくと、その点には直径や色がある。点の直径は0.2ミリくらい以上であろう。これより小さいと肉眼では見えず、点を打った意味がなくなる。つまりこれは点ではなく、直径や色のある円形の面である。

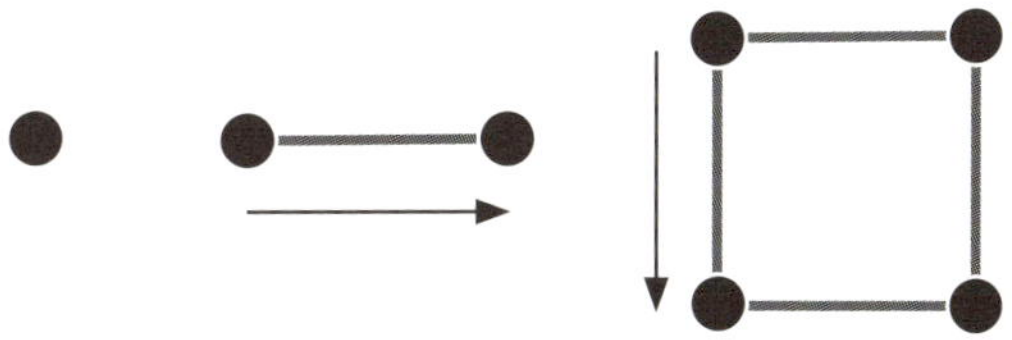

図7-1 ⬆次元のイメージ。左から0次元、1次元（線）、2次元（面）、3次元（立体）、4次元（時空）。数学的に定義される次元とは異なるが、われわれはこのように図解するしかイメージすることができない。 参考／NerdBoy1392

ここで言う0次元には、ある場所を指す以外に何の意味もない。それは〝ここ〟とか〝あそこ〟を指定するだけで、それ自体の**性質を示す量や方向（＝物理量）がない**。このような点を0次元とか0次元空間と呼ぶ。

◆◆◆ ユークリッドが定義した1次元の疑問

こうして0次元から出発すると、次の1次元は、点がある方向にズーッと移動したときに生まれる線（line）だと思いたくなる。しかしこれには問題がある。そもそも0次元の点には大きさがない（無限小）ので、それは想像の中でしか動かせず、現実世界では不可能だ。鉛筆とモノサシを使って線を引いてもだめだ。その線らしきものを虫眼鏡でのぞくと必ず幅があるので、それは線ではなく、次に見る〝2次元の面〟になっているはずだ。非常に細長い面ではあるが。

　このことはすでに紀元前4世紀、古代ギリシアの哲学者プラトンが指摘した。彼はその書『パイドーン』の中で、「**現実世界で幅のない線を描くことは決してできないが、それでも1次元は存在する**」と言い残した。

　そして彼から数十年後、今度は数学者ユークリッドが、今日多くの人が目にする「ユークリッド幾何学」を体系化した『原論』を著し、その1ページ目の書き出しにいきなり、「**点（0次元）には部分がない**」と書いた。また別の場所には「**直線上には点が一様かつ均等に存在する**」「**線とは幅のない長さである**」などと書き、それらを定義までしている。

　すなわち、線の端は点である、直線は点が一様に並ぶ存在である、面の端は線である、任意の点と点まで線を引くと直線が得られる、といった具合である。ともかく人間は2000年以上前から、こうして1次元や2次元について考察していたことがわかる。現在では、1次元は直線だけでなく曲線も含めて考える。曲線もまた、さきほどの定義にほぼあてはまるからだ。

　しかしこうした定義に疑問を抱く人がいるかもしれない。というのも、長い直線は点が一様に並んだものとするなら、短い直線もまた点が一様に並んだものとなる。点は無限小なのだから、長い直線も短い直線も無限の点を含むことになり、矛盾ではないかという疑問だ。だが、どんな長さの直線も同じように無限の点を含むことは証明されており、これは矛盾してはいないのだ。

2次元から3次元へ

　さて、この線が横に移動すると「2次元」、つまり厚さのない面（plane）になる。たとえばいま読者が見ているページの表面のみが2次元だ。平面だけでなく、**地球の表面のような曲面も2次元**である。さらにこの面が上か下に

＊1　**非ユークリッド幾何学**
ユークリッド幾何学の平行線公準が成り立たないとしたときに成立する幾何学。単純に言うと、ユークリッド幾何学は平面上の幾何学であり、対して非ユークリッド幾何学は曲面上の幾何学。

移動すると、それは「3次元」の立体（cube）となる。**図7-1**は1次元を便宜的に太さのある線で描いてあるが、実際の1次元に太さはない。この図から読者の脳内で想像してもらうしかない。

いずれにしても、これらの**次元の定義には必ずしも実態がなく**、以下に見るようにそれらは空虚である。

◆◆◆ 4次元とそれ以上の次元の出現

数学で言う次元は、人間の思考にとってはまったく抽象的な概念であり、現実世界に実体としては存在しない。多少の屁理屈が許されるなら、たとえば1枚の板の端、つまり板と空気の境界は1次元の線となるであろう。これは暫定的な1次元である。ともかくこれらの次元は、われわれが頭の中で物事を抽象化して考えるときに、便利なツールになることは確かである。

冒頭の緯度や経度、高度の例に見るように、3つの次元によってある場所や位置を厳密に指定できるのは、前述のようにこの世界の空間がなめらかで途切れがなく、これまで見てきたユークリッド幾何学的な次元の概念がニュートン力学に従うからである。

もっとも、われわれの宇宙がユークリッド幾何学的なのはたまたまかもしれない（第6章リーマン幾何学参照）。一般相対性理論によれば、この宇宙は全体が〝曲がっていた〟、つまり「非ユークリッド幾何学的」[*1]だった可能性もある。ただし現在の宇宙観測では**宇宙は高い精度で〝平坦〟、すなわちユークリッド幾何学的**であり、物理学的に理解しやすい。

ところが、アインシュタインの相対性理論やサイエンス・フィクションには、次なる「4次元」が当然のごとく登場する。3次元までは一応理解したものの、4次元となると突然、われわれの頭は混乱をきたすことになる。

◆◆◆ アインシュタインの相対論の教師

相対性理論やサイエンス・フィクションでは4次元はおなじみとはいえ、その厳密な意味となると、これは案外めんどうである。

4次元という言葉自体はすでに18世紀から登場していた。しかしここで言う〝時空の4次元〟の意味はそれまで考えられていた4次元とは異なっている。特殊相対性理論を生み出した**アインシュタインも当初、空間と時間は別のもの

と考えていた。だがこれでは実際の空間をうまく説明することができない。空間は3次元＋時間の1次元ではなく、はじめから「4次元空間（4次元時空）」だったからだ。

このことに最初に気づいたのは、1864年にロシア帝国の西端、現リトアニアで生まれた**ヘルマン・ミンコフスキー（図7－2左）**である。彼は後に数学者となり、スイス連邦工科大学で教えたが、その学生の中に若きアインシュタインがいた。**ミンコフスキーが教師でなかったなら、アインシュタインが後に一般相対性理論を生み出せたかどうか定かではない。**

ミンコフスキーは1908年に「空間と時間」と題する講演を行った。次のような自信に満ちた調子で始まった講演は、ドイツ語と英語の記録が残されている。

「私がここで空間と時間について述べようとしている視点は実験物理学の上に生み出されたものであり、力強さをそなえております。この見方は革新的であり、**今後、空間自体とか時間自体とかの概念は闇へと消え去り、この両者を合体したもののみが独立の実在となる**のです」

講演の内容は、1905年にアインシュタインが発表した特殊相対性理論の意味をうまく説明する新しい手法についてであった。それは、アインシュタインがこの理論を生み出すときに用いた既存のユークリッド幾何学とは別のアプローチをとり、4次元の時空を彼が編み出した**「数の幾何学」**[*2]で扱っていた。この空間は以後**「ミンコフスキー空間」（図7－2、3）**と呼ばれることになる。

ミンコフスキー空間では時間と空間はひとつに溶け合っている。そこで、相対性理論が扱う空間と時間をミンコフスキーのこの4次元時空に置き換えると、すべてが非常にわかりやすくなるのであった。

4次元時空をテーマにしたサイエンス・フィクションは、すでに19世紀末以降、次々に書かれていた。とりわけイギリスのH・G・ウェルズの『タイムマシン』（62ページ**図7－4**）は世界中の言語に訳され、何度も映画化された。しかしミンコフスキー空間が登場して以降の相対性理論の研究者から見ると、**これらのSFは古い4次元時空の概念に立っており、大きな誤り**ということになる。

図7－2に描いたようなミンコフスキーの4次元時空では、ある位置を指定するには4つの空間次元――縦、横、

＊2 **数の幾何学**
整数や整数から派生する数の体系（数論、整数論）を、幾何学的な手法で研究する分野。代数学の一分野とみなされる。ヘルマン・ミンコフスキーが生み出した。

図7-2
ミンコフスキー空間

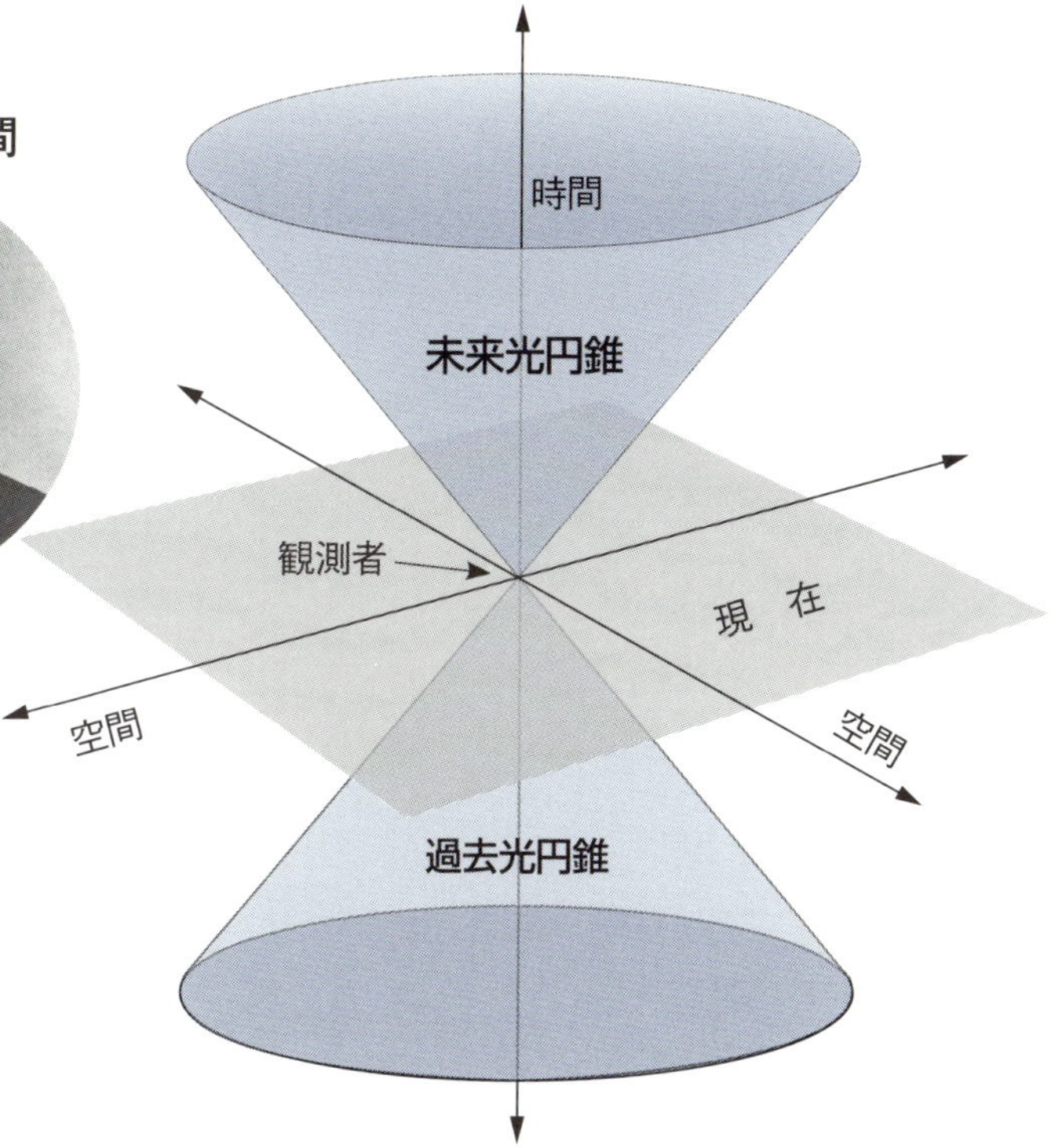

➡ミンコフスキー空間のうち2つの成分（過去の円錐と未来の円錐）のみをとり出し、他の成分との関係を示したイメージ。

図7-3 ⬇ミンコフスキーが自らの講演のために用意したミンコフスキー空間の説明用スケッチ。

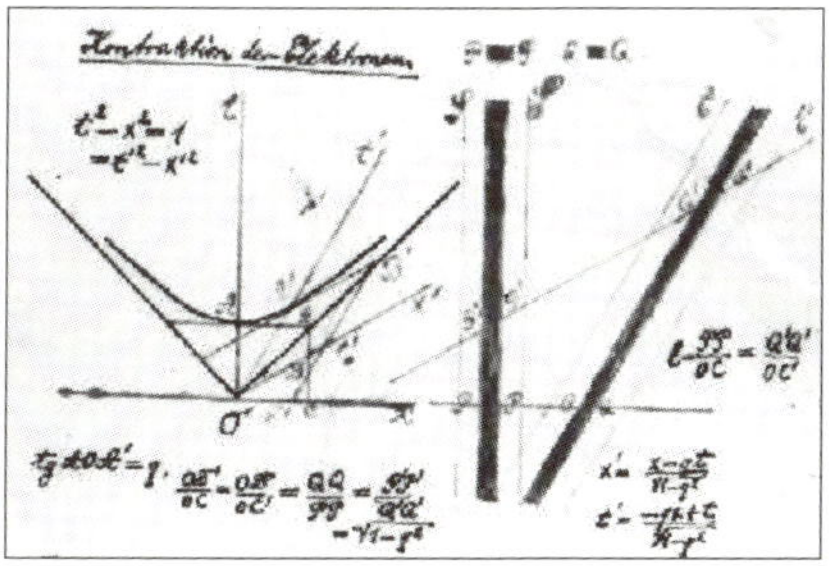

高さ、時間――が与えられればよい。空間はモノサシで測り、時間は時計で、もしそれが運動しているならその速度を加速度計で測ればよい。アインシュタインの特殊相対性理論はそのことを方程式で表したものだ。ただしここでは重力が無視されている。そこで重力の作用をも考慮したのが、後に生まれる一般相対性理論である。

◆◆◆ 4次元をはるかに超えて

ところで、相対性理論は4次元時空を規定したとよくいわれるが、実際にはこの理論は**時空の数を限定していない**という。5次元であっても、それ以上の次元であっても相対性理論は成り立つのである。このことをはじめて示したのが、1919年にプロシア（旧ドイツ帝国の一部。現ポーランド）の寒村で生まれたテオドール・カルーツァだ。彼は後にじつに17カ国語を話したり書いたりするほどの言語能力を身につけただけでなく、鋭敏な数学者ともなった。

図7-4 ⬅1895年にH.G.ウェルズが書いたSF小説『タイムマシン』の表紙。写真／Wings Publishing／Allen Anderson

アインシュタインの一般相対性理論から4年後の1919年、カルーツァは、一般相対性理論が扱う時空についてある重要な点に着眼した。当時のアインシュタインが探し求めていた問題、すなわち**一般相対性理論と電磁気の理論を統一してひとつの理論にする**方法を発見したのだ。それは、4次元時空にさらに5番目の次元を〝**余剰次元**〟として持ち込めばよいというものだった。

カルーツァはこの着眼をアインシュタインに文書で知らせたが、アインシュタインは2年もこれを放置した後、論文にして発表するよう彼に薦め、そのようになった。だがほとんど誰もこの論文に関心を示さなかった。というのも、当時の物理学者たちの関心がみな、相対性理論と量子力学の統一へと向けられていたからだ（第3章参照）。その間、その余剰次元はじっと待たされていた。

無為な時間が過ぎていたあるとき、カルーツァより20歳以上年上のスウェーデンのオスカル・クラインがこの論文をとり上げた。クラインは、「**3次元は空間に展開しているのでわれわれは感じとることができるが、それ以上の次元は巻物のようにきつく巻き込まれており（＝コンパクト化）、人間が感じることはできない**」とする説を唱えた。3次元空間のどこをとっても、その内部にそれ以上の次元がくっついているというのだ。

これは「**カルーツァ＝クライン理論**」と呼ばれたが、またも長い間無視されることになった。科学者たちも、その時々の流行に左右される性向から逃れられないのだ。

こうして人々が長年忘れていた後の1970年代から80年代にかけて、一部の物理学者がカルーツァ＝クライン理論を用いて、いくつかの時空（余剰次元）がコンパクト化しているという概念をようやく白日の下に引き出した。さらに近年では、これらの理論と量子力学とをドッキングさせ、**宇宙は10次元あるいは11次元だとする仮説**（超ひも理論、膜理論など。左ページ**コラム**）まで論じられている。宇宙がこうした多次元の世界だとすると、もはや素人にはわけがわからず、次元への接近禁止令が下されたかのようでもある。●

column

超ひも理論とM理論て何？

本書の他の章で見てきたように、**一般相対性理論と量子力学ではこの宇宙の見方が根本的に異なる**。そのためこの２つを統一してひとつの“究極理論”をつくることは容易ではない。そこで大いなる可能性を秘めて登場した救援投手が「**超ひも理論（超弦理論）**」「**M理論**」などだ。

われわれは昔から、すべての物質は素粒子でできていると教えられてきた。素粒子が原子のようなより大きな粒子をつくり、それが集まって物質になると。だがひも理論の出発点はまったくこれとは異なる。この理論によると、そもそも**ミクロの粒子は存在しない。あるのは“振動するひも”である**。だがそのひもはあまりにも小さく、観測したくても観測する手段がない。

個々のひもは輪になっていたり輪が切れていたりする。そしてひもが震える（振動）と、その震え方によっていろいろな大きさや質量をもつ素粒子のように見える（**図７-５**）。

ではひもがどうして点のような粒子に見えるのか？ 原子をつくる素粒子のレベルでは、その振動数はエネルギーの大きさと関係しているらしい。そして、アインシュタインの有名な方程式$E=mc^2$が示すと同じように、ひものエネルギーは質量と深い関係（同一）にある。これが**ひも理論のキモ**である。

さて次元の数はアインシュタインの４次元時空によってすでに“多次元化”しており、空間は４次元だけでなく30次元でも40次元でもかまわない。しかしひも理論ではそうはいかない。**10次元または11次元に限られる**のだ。ひも理論の正しさが証明されれば、宇宙の次元はその範囲に制限される。われわれはアインシュタイン的な４次元以外を感じとることはできないが、ひも理論によれば、**５次元以上の余剰次元は小さく丸まっている**（10のマイナス33cmあたり）ので、どうやったところで感じとることはできないことになる。いや逆に余剰次元はあまりにも巨大に広がっており、われわれの知る４次元がその中に縮こまっているために感じとれない可能性もある。

超ひも理論からは膜理論やM理論も生まれたが、どれもまだ基礎研究の途上にあり、真の答えは出ていない。

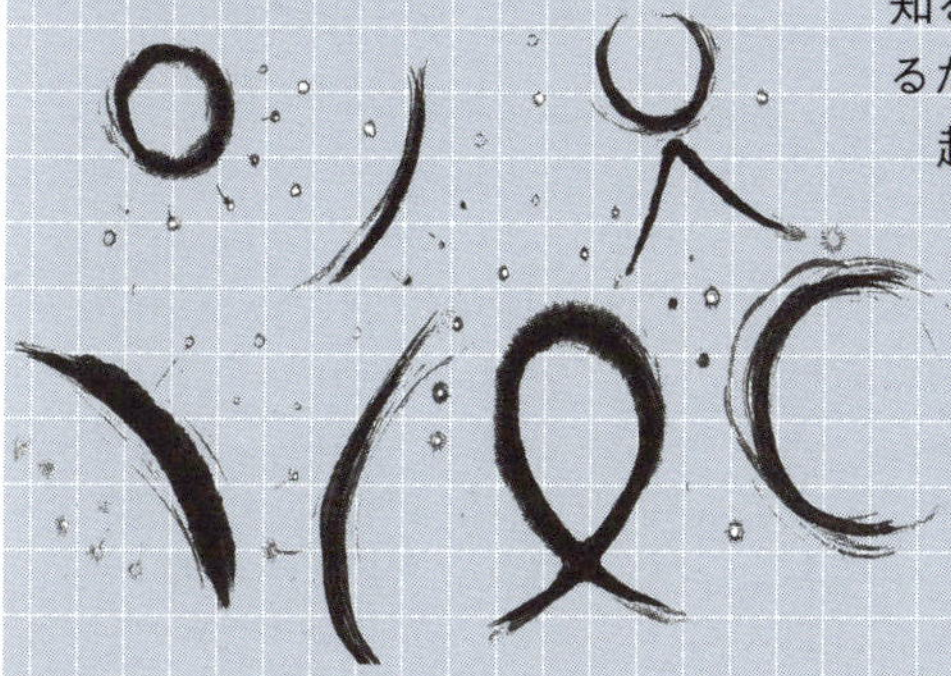

図7-5 ⬅輪になったり輪が切れているひもが振動すると、それらがわれわれにさまざまな粒子として感じられる。 図／矢沢サイエンスオフィス

第8章

マルサスの「人口論」

諸悪の根源は“人間の繁殖力”なり

◆◆◆歴史の転換点にいる日本人

いまこれを読んでいる読者も書いている筆者も例外なく、ひとつの**歴史的転換点に立っている**。それは、誰もが、**日本民族の到達した人口のピークを経験し、さらにその人口が減少に転じた最初期の只中を生きている**ということだ。

日本の人口はいまから10年ほど前の2008年、歴史上最多の1億2808万人（総務省統計局）に達した。そしてその瞬間から、展望のきかないはるかな坂道をすべり落ちるような急減少へと転じたのである（**図8-2**）。

しかしこれは**日本民族だけの特異現象ではない**。新生児の出生率で見ると、人口13億8000万人の中国でも、お隣の韓国や台湾でも、そして総人口がまもなく中国を追い抜く、またはすでに追い抜いたインドでさえも、出生率は劇的に低下している。アジアだけではない。ドイツやイタリアなど西欧諸国でも、国民の出生率はアジアに負けず劣らず減少し始めている。いままさに進行中の不法移民の問題は先行き不透明ではあるが。

図8-1 ➡人間社会についての歴史的な見方『人口論』の著者トーマス・マルサス。

写真／Wellcome Images

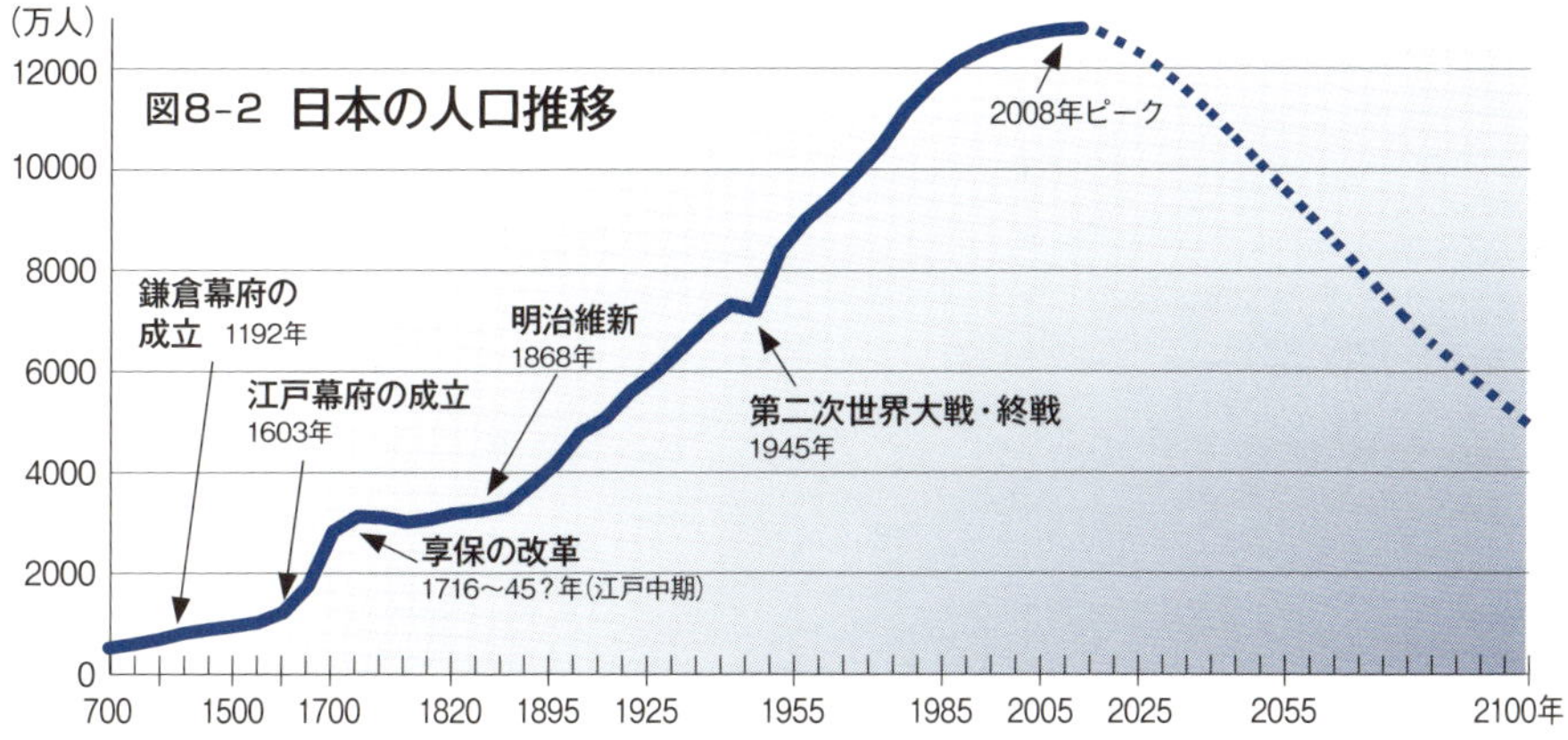

↑鎌倉幕府成立以来の日本の人口推移。明治維新以降に始まった爆発的増加が2000年過ぎに停止し、以後急速な減少にむかい始めた。2100年には現在の半分以下になると推測されている。資料／総務省「国勢調査」、「平成22年国勢調査人口等基本集計」、国土庁「日本列島における人口分布の長期時系列分析」(1974年)／国立社会保障・人口問題研究所「日本の将来推計人口（平成24年1月推計）」

出生率がほぼ水平を保っている主要国は**アメリカとロシア**くらいである。アメリカの場合は明らかに、在来のアフリカ系（黒人）や合法的移民（メキシコ人などのヒスパニックやアジア系）の**再生産性が非常に高い**ためだ。これにすでに1000万人を超えたと見られる不法移民を算入すると、とんでもない人口増加国になる。増加の原因は昔からの真実である〝**貧乏人の子だくさん**〟の故である。

また、低下し続けていたロシアの出生率が近年回復していることについて、あるロシアの経済学者は、「**低い生活水準の中で生じたある種の安定性**」が原因という興味深い分析をしてみせた。この2国の増加は、**特異的原因による例外事象**ということになる。

◆◆◆世界人口はいつ100億人になるのか？

こうして見ると、21世紀も20年ほど過ぎたいま、人類の個体数（＝人口）は必ずしも、かつて考えられたように上下をくり返しながら増え続けたりはしないことがわかる。

人口増加の問題は、つい近年まで、明日の人類社会を待ち受けている暗く重苦しい問題と考えられていた。いまもそうした見方は漠然と広がっている。つい先年の西暦2000年に**世界人口はすでに70億人**だったので、遠からず100億人に達し、人類は深刻な**食糧危機やエネルギー不足、環境破壊などに直面すると専門家的な人々が予測してみせた**。100億人をさらに超える時代の到来など考えたくもないといったところであろう。

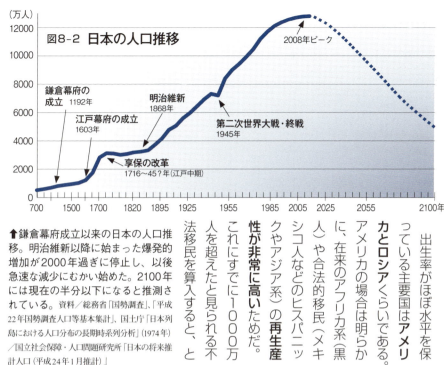

人口増加についてのこうした不安感や危機感は、20世紀に始まったのではない。すでに18世紀には、ある1冊の本が警告を発していた。そしてその本は、近代経済学のひとつの柱をなすほどの影響力を行使してきた。

◆◆◆ 歴史上2番目に長い題名の本

その本は1798年に匿名の筆者によって書かれ、ロンドンで出版されたが、とんでもなく長い題名がつけられていた。そのまま訳すなら、『**未来社会の改善に影響を及ぼす人口の原理に関する試論、およびゴドウィン氏、コンドルセ氏ほか諸作家の考察への論評**』というのだ。

改定版以降のそれはさらに長い。『人口の原理に関する試論、すなわち人類の幸福に対する過去および現在の影響についての見解：人類の幸福に対する影響を引き起こす悪徳の将来的除去や緩和についての見通しの研究を付して』――これは世界の本の歴史上おそらく2番目に長い（最長は『ロビンソン・クルーソー』の原題で374字！）

ともあれ、現在の視点で見てもきわめて**刺激的な〝経済思想書〟**と呼ぶべきこの本は、発行後たちまちヨーロッパにセンセーションを巻き起こした。歓迎と批判の両面からだ。そして、以後5年間に反論書が20冊も発行された。

まもなく著者が実名を明かした。後に『**人口の原理（人口論）**』として世界的古典となる本書の書き手は、当時32歳のイギリス国教会の牧師**トーマス・ロバート・マルサス**（図8-1）。

この本におけるマルサスのメッセージは暗鬱としていた。彼はここで、食糧の生産は人口増加と同じペースでは増大しないので、人間社会は〝人口のわな〟にはまるだろうと主張し、後に非常に有名になる一文を記していた。

「人口は放置されれば幾何級数的に増加する。だが食糧は算術級数的にしか増えない」（図8-3）

ここで言う幾何級数的とは簡単にいえば掛け算的、算術級数的とは足し算的という意味だ。掛け算と足し算では競争にならない。掛け算は足し算をはるかに上回る。

そしてマルサスは、右のような問題意識から必然的な結果を予測した。それによると、人類は人口の大きさを自発的に制限（彼の言葉では「予防的抑制」）しようとはしないので、**過剰となった人口は、飢餓や病気、貧困、戦争などの「現実的抑制」によって除去される**というのだ。

人口増加と食糧供給の不均衡を問題にしたのは彼が最初

ではなかったにもかかわらず、匿名の筆者による本書がなぜ問題視されたのか？

◆◆◆ 諸悪の根源は人間の「繁殖力」にあり

考えられる最大の理由は、当時の欧米における激しい政治的対立――フランス革命やアメリカ独立戦争（イギリスからの）を支持した啓蒙主義*1の勢力と、イギリス旧来の保守勢力との闘い――に、マルサスの本が直接介入したと見られたことだ。彼は保守勢力側に立っていたのだ。

マルサスは本書の前書きで、自分の議論の出発点は「**未来社会の改良**」だと述べている。当時の啓蒙主義者たちは「人と社会の完全性」を信じていたが、マルサスはこれをばっさり切り捨てた。彼の批判の矢はとりわけ、**無政府主義（アナーキズム）の先駆**とされるイギリスの哲学者ウィリアム・ゴドウィン（**図8-4右**）と、フランスの著名な数学者ニコラ・コンドルセ（**図8-4左**、後に自殺）に向けられた。

ゴドウィンとコンドルセは「**人間は本来、完全性をそなえた存在**」と主張し、法律や社会制度の進歩を妨げている最大の障害は私有財産、すなわち経済的・政治的な不平等にある」と主張した。こうした人間観や無政府主義思想は後に、社会主義を通過して共産主義を志向する萌芽となる。だがマルサスのような現実主義者からはあまりにも無邪気に見えた。

マルサスによれば、社会の悲惨と貧困の原因は悪い社会制度にあるのではなく、むしろ**人間の旺盛な繁殖力**にあるのであり、それが〝**永遠の悪循環**〟を生むという。

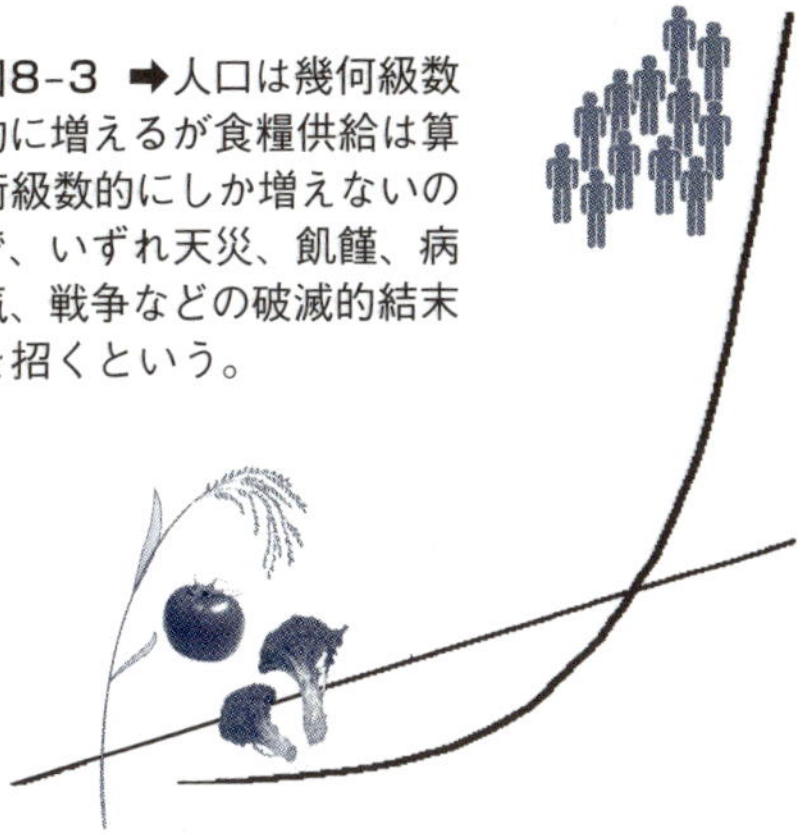

図8-3 ➡人口は幾何級数的に増えるが食糧供給は算術級数的にしか増えないので、いずれ天災、飢饉、病気、戦争などの破滅的結末を招くという。

*1 **啓蒙主義**
理性による普遍的で不変の見方を主張する思想。17世紀後半にイギリスで生まれ、18世紀にはヨーロッパ全域に広がった。フランス革命の引き金になったともされる。

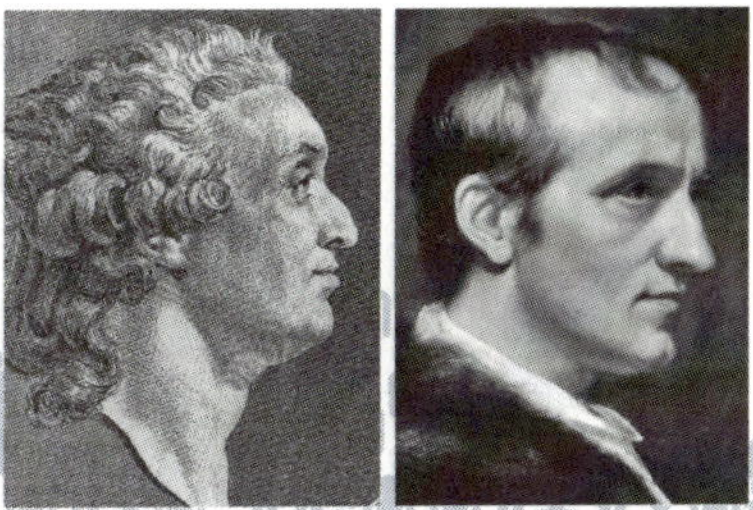

図8-4 ⬅マルサスが強く批判した無政府主義の先駆、フランスのコンドルセ（左）とイギリスのゴドウィン。
右図／National Portrait Gallary

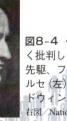

まず人口が多すぎると食糧が不足して貧困と飢餓が広がり、死者が増える。その状態は生き残った者がふたたび十分な食糧を得られるまで続くが、人々がいくらか豊かになるとすぐに**〝性的衝動〟が高まり、また過剰な再生産（多産）となり**、新たな悪循環が始まる――

そして彼は、こうした循環は**冷徹な自然法則**であり、人間がそこから抜け出すことはできない。したがって、人口増加を抑える唯一の方策は、「**人々を禁欲と道徳教育によって性的放埓《ほうらつ》から遠ざけることだ**」と述べた。

◆◆◆ 貧民の不幸は耐え忍ぶべきもの？

こうした考えからマルサスは、当時のイギリスの貧困者救済法（救貧法）を「人口を支える手段を増やさず人口を増やすだけのものだ」と激しく批判した。そして、**貧民を助ければ貧民はより多くの子を産むので、結果的に飢餓が悪化**すると述べた。曰く「**救貧法は、その法律が支えるべき貧民を新たに生み出しているのだ**」

図8-5 ⬆イギリスの救貧法改正案（1834年）は“行きすぎた貧民救済”を抑制したが、「最下級の労働者以下」のみを救済するとして批判された。これは改正反対派のパンフレット。

マルサスが貧困者を助ける法律の廃止を声高に主張したことが、いまに至るまで多くの経済学者などが彼を非難してきた理由でもある。彼の要求は、いまのイギリスや日本の健康保険制度や生活保護制度、アメリカの社会保障制度などを撤廃せよと言っているように聞こえるからだ（実際、かなり後の1834年にイギリスの救貧法が改正されたときには、マルサスの主張が一部採用されていた。**図8-5**）。

マルサスの人口論は、批判されると同時に歓迎もされた。歓迎者は当然ながら**社会の富裕層**である。マルサスの学問上のライバルでもあった**デビッド・リカード（自由貿易を唱え〝近代経済学の創始者〟とされる経済学者。図8-6）**は、その理由をこう述べている――あの**人口論は、富裕層**

図8-6 ⬅マルサスの思想を歓迎したリカード。彼は自由貿易を唱え、〝近代経済学の創始者〟とされている。

が「**貧乏人の不幸は耐え忍ぶべきもの**」と言い放つときの強力な決まり文句を提供してくれたからだ、と。

金持ち階級が不可欠なわけ

マルサスは1804年、東インド会社カレッジの歴史政治経済学の教授職に就き、ここで彼の主著となる『**経済学原理**』を著した。この書で彼は、**市場の供給過剰または需要不足の理論**を発展させた。それは現在の視点で見てもきわめて興味深い内容であった。

「**資本家は労働者を雇い、彼らが最低限の生活を維持できる賃金しか払わない。労働者が受け取る賃金以上の価値を生産したときにのみ、雇用主は利潤を得られるからだ**」

図8-7 ⬆20世紀を代表する経済学者ケインズは、マルサスの思想を強く支持した。
写真／U.K. gov.

だがここで問題が生じる。生産が余剰となったとき、誰がそれを買うのか？ まず労働者は買わない（買えない）。余剰生産物が生じると雇用主の利潤が減るので、労働者により多くの賃金が支払われることはあり得ないからだ。

「一方資本家は、利潤の一部でその余剰製品を買うことができる。だが資本家はもともと利潤をあげることにしか関心がないので、自ら消費を増やしはしない。むしろ彼らは利潤の一部を新たに投資するので、問題は単に先送りされるだけである」

マルサスはさらに次のように主張する。

「**自ら生産するよりも多くの富を消費する意志と力をもつ多数の人間からなる階級（＝金持ち）の存在は不可欠である。金持ち階級が存在しなければ、商業を行う階級が、己の消費を上回る生産を利潤を上げながら続けることはできない**」

必要不可欠な〝非生産的な消費者〟としての金持ち階級——現在でも、ふだんから庶民には手の出ない高価な遊びや趣味に興じている富裕層を見れば、マルサスのこの見方には説得力がある。

ケインズによる最強の評価

こうしたマルサスの主張は同時代の経済学者たちから手

厳しい批判を受けたが、ずっと後の20世紀前半になると評価は一変する。とりわけ、ケインズ経済学で知られる世界的に高名な**ジョン・メイナード・ケインズ**（69ページ図8-7）はマルサスを非常に高く評価し、彼が需要不足の問題をこのように扱った一事だけでも「**もっとも偉大な古典派経済学者**と呼び得る」とした。そしてこう述べた。

「もし19世紀の**経済学の本流がリカードからではなくマルサスから発展していたなら、現在の世界はどれほど賢明で豊かになっていたことか**」

◆◆◆誰もマルサスの黙示からは逃れられない

では21世紀のいま、マルサスの人口論はどこまで説得力をもつことができるのか？

たしかに日本をも含めて現在の先進工業国を見るかぎり、2世紀前にマルサスが人口論によって予言した人類社会の暗い未来観は誤りであったようにも見える。世界人口は当時の3倍、70億人へと増えたが、先進諸国では彼の予測とは逆に、人々が物質的にはるかに豊かになったからだ。

マルサスは少なくとも**2つの点で誤っていた**。第1は、人間がより豊かな生活を実現すると、それは彼の推論とは逆に、むしろ人口の伸びを低下させることだ。教育レベルと経済レベルの高い人々はたいてい、貧しい人々ほどは多くの子をつくらない。**貧乏人の子だくさんの裏返し**だ。

第2に、マルサスは**科学技術が果たす役割**に気づかなかった。科学技術の進歩が、生存に要する物資の生産量を、人口増加ペースをはるかに上回って増大させてきたのだ。

しかし、さらに広く世界に目を向ければ、この楽観的展望には皮肉な虚しさがついてまわる。というのも、「安楽かつ幸福で十分に余暇のある生活」を享受できるのは、科学万能の時代でも**世界人口のごく一部**でしかないからだ。まして〝途上国〟や〝新興国〟の国民の**大多数は、ほとんど絶望的な貧困と悲惨の中で生きている。将来その状況が大きく改善される具体的な見通しもないに等しい**。これを見るかぎり、21世紀の**いまもマルサスの人口論はまったく正しいまま**である。

近年貧しい国々から豊かな国々への人々の大移動は加速しており、豊かさと貧しさはマルサスの時代と変わらずに同居している。地球という小さな惑星の上で生きている**人類は、いまもマルサスの黙示である人口理論から少しも逃れてはいない**ようなのである。●

第9章 マルクス理論と共産主義

「科学的社会主義」はこうして生まれた

◆◆◆ブルジョア経済学への批判

われわれが現在の世界に存在する〝**国家**〟のあり方を考えるとき、そこではたいてい4つか5つの国家形態が浮かんでくる。**自由主義的または社会主義的な資本主義国家、共産主義国家（共産党独裁国家）、軍事独裁国家**などだ。ときに**無政府国家**と呼ぶべき混乱状態の国家もあり得る。

こうした国の形のあり方、つまり政治経済の構造を近代になって論じ始めたのは、18～19世紀のヨーロッパの経済学者や思想家たちである。彼らの中でもとりわけ後の人間社会に影響力の大きかった人々を**表9-1**に並べてみた。

問題は、こうした人々が揃いも揃って**イギリスやフランスの富裕層（ブルジョアジー）**の出身であったことだ。富裕層はしばしば支

図9-1 ➡人生の大半を無国籍者として生きたマルクスは、エンゲルスとともに科学的社会主義（マルクス主義）を打ち立て、資本主義が発展すれば共産主義に至ると説いた。　写真／Friedrich Karl Wunder

配層でもある。

現在では**古典派**と呼ばれているこれらの〝ブルジョア経済学者〟は、自国を高みから見下ろして国家社会のありようを考察した点で同じ穴のムジナでもあった。つまり彼らは、当時出現しつつあった資本主義的な**労働者階級には無関心**な人々であった。そしてそこから、いまに至るまで続いている人類的問題が始まったのだ。

イギリスで火がついた**産業革命***1によって**資本主義的な経済**が出現すると、そこにはすぐさま避けがたい矛盾が姿を現した。資本家が所有する大規模な工場にはわずかな賃金のために働く労働者が雇われていたが、これら労働者階級の多くは、悪徳や犯罪、病気、飢えが蔓延するスラムに住み、悲惨な生活を送っていた――いまでも世界各地に同じような光景は見られるが。

図9-2 ⬆マルクスを生涯にわたって支えたエンゲルス。彼なしにマルクスの『資本論』が世に出ることはなかった。

写真／George Lester

まもなく、このような**資本主義的な経済活動が必然的に生み出す矛盾を批判**して現れたのが、さまざまな**「社会主義」の経済思想**である。フランス人ばかり並ぶのが象徴的ではあるが、まずサンシモンらが**「空想社会主義」**を唱え、ルイ・ブランが**「国家社会主義」**を、そしてプルードンが**「無政府主義」**を主張した。

これらの社会主義思想がどれも問題にしたのは、資本主義の特性とも言える〝**モラルの欠如**〟である。モラルとは道徳や倫理観、おのれの行動の反省を指している。**資本主義にはモラルがない**。勝てば正義、負ければ能力や幸運の欠落者というレッテルを貼ってピリオド、である。

◆◆◆ フランスからドイツへの伝播

*1 **産業革命**
イギリスで18世紀半ば以降に起こった産業の大変革と社会構造の変化。綿織物の生産技術、製鉄、蒸気機関による動力源の劇的進化などが主役となった。とりわけ蒸気機関は交通手段を一変させ、蒸気船や鉄道を登場させた。産業革命によって以後の一人あたりGDPが増加し始めることになり、その流れは世界に拡大していった。

*2 **ドイツ観念論**
18～19世紀にドイツで発展した哲学思想運動。物質ではなく精神のはたらき（観念）こそが世界の根源的な実在だと主張した。フィヒテ、シェリングらに始まりヘーゲルの哲学で完成に至ったとされている。

図9-3 資本主義社会のピラミッド構造

➡19世紀に描かれた資本主義社会の構造。ごく一部の権力者や教会が富裕層を支配し、これらが武力や警察力を行使して一般庶民から搾取している。 図／Uni Hamburg

フランスで雨後のタケノコのように芽をふいた社会主義的思想は、まもなく国境を越えて北上し、一部のドイツ人を刺激した。その中でとりわけ**資本家による労働者搾取や労働価値**に目を向けるようになったのが、本稿の主役**カール・マルクス**とその友人**フリードリヒ・エンゲルス**（図**9-1、2**）であった。

マルクスは中産階級に生まれ、青年期には法律とヘーゲル流の哲学（**ドイツ観念論**＊2）を学んでいた。その彼が前記フランスの経済学者たちに刺激され自ら主張し始めたのが「科学的社会主義」であった。これは**後のマルクス理論（マルキシズム）や共産主義の萌**

芽と言えた。

マルクスらは、**ブルジョア的な古典派経済学を分析してその矛盾と限界を指摘**し、これに代わる新しい経済学を生み出さねばならないと考えた。

マルクスの思想の基礎は「**唯物《ゆいぶつ》史観（史的唯物論）**」と呼ばれる。何やら難しそうな言葉だが、これはドイツ語や英語で言う〝歴史的物質主義〟をなかなかうまく日本語訳したものだ。一言で言えば、「**人間社会は物質生産力（＝経済力）の変化によってその歴史が変わっていく**」と言っているのだ。まずこれが**社会の構造と変化についてのマルクスの歴史観**だと理解すれば、社会主義も共産主義も、その言わんとするところがわかる。

マルクスはなぜこのような思想――後の20世紀の世界を大鳴動させることになる――をもつに至ったのか？ 彼の人生を後追いしてみた人や、自分が労働者階級だと自覚している人なら、その思想が人々に影響を与えやすい理由がわかるはずだ。**富裕層や支配階級には縁のない見方**だからである。

マルクスの見方は、**現実社会の基礎は人間の「物質的生産力」**にあり、その生産力が変化すれば社会全体が変化して発展するというものだ。

この観点で見ると、当時すでに明瞭な現実となっていた資本主義社会は、それ自体が内部矛盾を抱えていた。その矛盾は、技術の進歩などによって物質生産力が向上すると、より大きな矛盾となって大衆社会の中に露呈する。

そしてこの矛盾は、富や権力を握っている**社会の上部構造**と、その下で労働力として使役され、いくばくかの賃金を受けとって何とか生きている**下部構造**の分極化を引き起こす。その結果、資本主義社会は遅かれ早かれ、**資本家階級と賃金労働者階級（プロレタリアート）の2つの階級しか存在しない社会**にたどり着く。

こうして圧倒的多数となった労働者階級は、富裕な支配者である資本家階級をたいていは暴力的な方法で放逐し、〝**労働者階級独裁**〟の社会を実現しようとする。これは「**暴力革命による階級闘争**」と呼ばれる。「暴力はいけません、やめて下さい。平和を守れ」などとのんきに叫んでいるレベルの現象ではない。この暴力革命の結果、労働者階級による独裁、すなわち〝**プロレタリアート独裁**〟と呼ばれる社会が出現する。

プロレタリアート独裁が実現した社会でさらに生産力が

表9-1 経済理論のパイオニア

作成／矢沢サイエンスオフィス

①アダム・スミス● 1723～1790年
スコットランド生まれのイギリスの経済学者・哲学者

経済学の真のパイオニアとされ、著書『国富論』で知られる。彼の経済思想“レッセフェール”（＝なるがままに任せよ）は自由主義的資本主義の思想を示し、社会経済は“見えざる手”によってつねに落ち着くべきところにむかうとする。

図／Cadell and Davies

②デビッド・リカード● 1772～1823年
イギリスの経済学者

アダム・スミスの『国富論』を読んで刺激され、後に黎明期の主要経済学者のひとりとなった。各国が「比較優位」に立つ生産物をおもに輸出することで社会経済は向上すると主張した。この自由貿易論は近代経済学の基本思想となった。

③トーマス・マルサス● 1766～1834年
イギリスの経済学者

資本主義を最初に論じた古典派経済学の代表的存在。匿名で著した『人口論』では、「人口は幾何級数的に増加し、食糧生産は算術級数的にしか増えないので、その差によって人口過剰と貧困が生じる。これは社会制度の改良では避けられない」と主張した。第8章・人口論参照。

④ジェレミー・ベンサム● 1748～1832年
イギリスの哲学者・経済学者。

制度や行為が社会的に望ましいか否かは、その結果として生じる効用（有用性）によって決まるとする「功利主義」の創始者。その思想は「最大多数の最大幸福」とも表現された。

図／Dcoetzee

⑤ジャン-バティスト・セー● 1767～1832年
フランスの経済学者

古典的自由主義の信奉者（アダム・スミスのレッセフェールと重なる）で、個人の自由、人間の合理性、小さな政府を主張した。競争と自由貿易を強調し、「供給はそれ自身の需要を生み出す」とする「セーの法則」で知られる。

⑥ジョン・スチュアート・ミル● 1806～1873年
イギリスの哲学者・経済思想家

功利主義、自由主義、社会民主主義の思想家であり、晩年は社会主義者を自称した。また著書『自由論』の中で自由について論じ、自由は個人の発展に必要不可欠とした。彼の思想は、彼が名付け親となったバートランド・ラッセルなど20世紀の科学哲学者に強い影響を与えた。

写真／Hulton Archive

発達すると、階級も階級闘争も存在せず、国家権力そのものを必要としない真に平等で自由な共同社会としての「**共産主義社会**」が出現する……これが、マルクスが盟友エンゲルスとともに発行した『**共産党宣言**』（**図9-4**）の骨子である。

この本の第1章は「これまでの社会の**すべての歴史は階級闘争の歴史**である」という有名な一文で始まるが、日本では第二次世界大戦の敗戦まで**禁書**とされていた。

一言で言うなら、社会主義や共産主義と呼ばれる思想の明確な原点はこの本にある。知性と教養を尊ぶ読者がこの歴史的大著に興味があるなら（エンタテイメントとしてでもよいが）、「青空文庫」から無料でダウンロードできる。

◆◆◆人間社会は〝進化〟するか？

もともとプロイセン（現ドイツ北部からポーランド西部にかけての王国）の国籍をもっていたカール・マルクスは、こうした革命思想をヨーロッパ全域に広げようとした。

マルクスは、資本主義国ではいま見たような**社会構造の変化は**「**不可避的に起こる**」と考えた。そこで彼は、世界のプロレタリアートは団結して革命を起こし、この変化を加速させるべしと主張した。超有名なスローガン「**世界のプロレタリアートは団結せよ！**」の登場である。

だがどの国においても革命運動の兆候は力、すなわち旧来の政治権力、警察力、さらには軍事力によって鎮圧された。結果、マルクスはヨーロッパ大陸には居場所がなくなり、仮名や偽名を使って逃げ回ったあげく、ついに1849年、イギリス、ロンドンにたどり着いた。31歳であった。

しかし、偽名で借りたアパートでの生活は極貧状態であり、ついには6人（7人とも）の子のうちの娘3人（**図9-5**）が餓死・病死するに至った。彼はとうに国籍を失っており、以後の生涯を無国籍者として生きることになる。

マルクスの社会観は、彼以前の大半の社会思想とは異なっていた。それは彼が、「**社会は進化する**」と考えたこと

図9-4 ⬆1848年にマルクスとエンゲルスが共著で発表した『共産党宣言』の表紙。共産主義の目的と考え方を明らかにしている。近年、ユネスコの「世界の記憶」に登録された。
資料／Friedrich Engels, Karl Marx

だ。その意味で、マルクス思想は**未来社会への楽観主義と**もいえる。

　もっとも、物事が進化するという見方は、マルクスが真性のパイオニアというわけではない。彼は多くの先人たちの思想の影響を受け、それらを人間社会に当てはめたのだ。つまり、当時すでに産業革命によって矛盾を噴出させていた資本主義社会を進化という観点から考察したのだ。

　マルクスがとりわけ影響を受けたのは、自由貿易を主張して**古典派経済学の創始者と呼ばれるイギリスのリカード**や、フランスの**先駆的な社会主義思想家サンシモン**ら、それに前記したドイツの**観念論哲学者ヘーゲル**や**フォイエルバッハ**であった。

図9-5　⬆マルクス（右）とエンゲルス、それにマルクスの３人の娘。ロンドンで過ごした彼には６～７人の子がいたが、娘のうちの３人は困窮ゆえに餓死したともいわれる。

　しかしここで、マルクスの思考が明瞭な骨格を整えていく上でより直接的な影響を与えたであろう書物に触れておきたい。それは、同じ時代にロンドンに住んでいた生物学者**チャールズ・ダーウィンの『種の起源』**である（これは20世紀末頃にマルクスの人生を調べていた筆者の個人的着眼なので、異論があっても已むをえない。ダーウィン進化論については第10章参照）。1859年にロンドンで出版された『種の起源』は「**生物は自然選択によって進化する**」と主張していた。これは、10数世紀にわたってキリスト教的信仰に支配されてきたヨーロッパ社会を驚愕させずにおかない**生物進化の理論**であった。

　すでにロンドンに住んで10年ほど経ていたマルクスは同書を読み、そこからただちに、驚きとともにひとつの着想を得た。**ダーウィンの進化論の考え方を人間社会に持ち込むと、社会構造の歴史的変化についてのマルクス自身の見方を見事に理論化できる**ということだ。

　つまり、歴史上のある時代の社会構造は、生物のある時代のある環境における姿に置き換えることができる。それらはすべて過去に起きた変化が累積した結果であり、さら

column

共産主義独裁者は何人殺したのか？

人類史上、独裁的権力者は例外なく大量虐殺や大量餓死の実行者である。最大の殺戮者は誰かと聞けば、多くの人がナチスドイツのアドルフ・ヒトラーと答えるかもしれない。彼はユダヤ人絶滅を命じ、600万人を殺した。

だがマルクス思想を受け継いだ共産主義独裁者はこれをはるかに上回る。片腕が萎縮し片足が固まり身長160cmに満たないソ連（現ロシア）の**ヨセフ・スターリン**と、中国共産党の**毛沢東**だ。ソ連を30年間支配したスターリンは言語に絶する暴力支配を行い、無数の国民を強制労働所に送り、拷問・虐殺・餓死させた。ソ連崩壊直前の1989年に現ジョージアの歴史家A・メドヴェーデフが、**スターリンの命令で殺された人は4000万人**と報告している（6000万人とする別の歴史家もいる）。

他方の毛沢東は、1958〜1961年に行った**「大躍進政策」で4000万〜6000万人を餓死**させ、その後の**「文化大革命」では数百万人を死に追いやった**。スターリンと毛沢東だけで1億人を殺したのだ。また1970年代、カンボジアの共産主義者**ポルポトは国民の半分以上の200万人を虐殺**。メガネをかけた者は“教育がありそうなので”全員殺した。

共産主義独裁国家では虐殺はほぼ必然と言ってよく、マルクスも自分の思想的遺産の結末を予想もしなかったろう。

に将来の変化を導くものでもある……

見知らぬ生物学者が著したこの大著を読んだことにより、マルクスの見る社会経済の姿は、そこに留まったまま変化する静的なものから、**絶えず変化しつつ進化する動的なものへと一変した。**

この本を読んだマルクスはすぐに、エンゲルスや、ドイツの労働運動指導者で**旧知のフェルディナンド・ラッサール**（後に女性をめぐって決闘死。明治〜第二次大戦後まで日本の左翼人に影響を与えた）に手紙を出し、そこに「**ダーウィンの本は歴史的な階級闘争の自然科学的な基礎になる**」と興奮気味に書いている。

ダーウィンの本を読んでから7年後にマルクスは3巻からなる大著『**資本論（Das Kapital）**』初版を刊行した（彼はひどい悪筆で、その手書き原稿はエンゲルスにしか読み取ることができなかった。**図9-6**）。

マルクスは会ったこともないダーウィンに初版を送って敬意を表した。するとダーウィンから礼状が届き、丁重にこう書いてあった――「私にはよく理解できないものの大変興味深い本であります」

◆◆◆ 『資本論』は未来社会の科学的予言？

マルクスの『資本論』は世界中の言語に翻訳されることになるが、存命中に本人が何度も改訂したこの本をすべて読んだという人は、世界にもごく少数と見られる。大半の経済学者さえその一部しか読んでいないようである。そのため**『資本論』はよく、革命の起こし方や社会主義社会の建設方法が書かれた本だと誤解される**。

だがマルクスにそのような意図はなかった。彼の目的は前述のように、資本主義社会における生産力の変化がどんな社会的変化を引き起こすかを分析することだった。それは、かつての奴隷社会や封建社会が生産力の変化によって消滅していった過程からの類推――彼自身の言葉によれば〝科学的な推論〟である。マルクスは完成版についてエンゲルスに、**「真に新たな科学的価値をもつものとなった」**とまで書き送っている。

つまり『資本論』は、社会主義や共産主義を説くのではなく、文字通り**資本主義について、それがなぜ必然的に変質するかを分析した本**である。

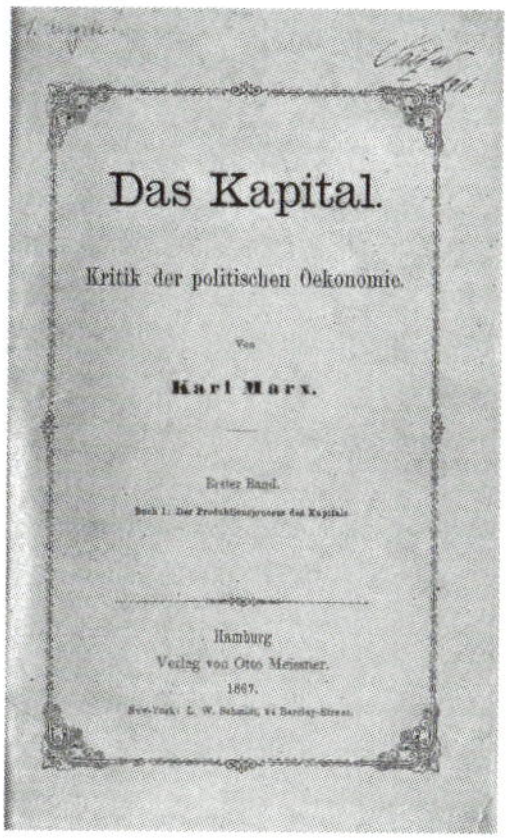

図9-6 ⬆マルクスの著作『資本論』の表紙。資本主義がいかに崩壊して社会主義、共産主義へと進化するかを論じている。

マルクスの社会主義思想は20世紀に入ってから、ソ連（現在のロシアを含む15カ国からなるソヴィエト連邦）や中国などを含め、実に人類の半分以上が組み込まれた**史上最大の社会実験**に供された。

だが、こうして生まれた社会主義国・共産主義国の大半は1990年前後までに片端から瓦解し、**彼が予言した階級闘争と社会進化の理論は失敗したかに見える**。いまも**共産党が独裁支配しているのは、中国以外は微小国ばかり**で、それも経済の実質はまったく資本主義化している。地球周回軌道から地上を見下ろすなら、むしろ**社会主義的社会を実現しているのは、消費税25%、租税負担率50%以上という北欧諸国**くらいであろう。1990年代、アメリカの政治学者フランシス・フクヤマは『**歴史の終わり**』（邦訳・三笠書房）を書き、共産主義どころか自由主義的資本主義もどんづまりで、**もはや人間の歴史は終わった**とまで書いた。

ではマルクス理論は完全な幻想だったかといえば、それはまだ断言できない。彼の残した「資本主義社会は必然的に社会主義社会へ、さらに共産主義社会へと進化する」というテーゼの最終回答は、21世紀のいまも出ていないのだから。●

第10章

ダーウィン進化論

すべての生物は「進化と自然選択」の産物

◆◆◆〝神の創造〟を否定したはじめての科学理論

本書で取り上げている理論はどれも、以後の人間社会に途方もなく大きな影響を与え、社会や個人の意識をそれ以前とは大きく異なるものにしてきた。

だがそれらのうち、良きにつけ悪しきにつけ、**最大の現実的かつ直接的な影響力を行使した理論**はどれかといえば、多様な見方はあるものの、本章のテーマである**チャールズ・ダーウィン**（**図10-1**）**の進化論**だとする前提でこの話を始めたい。この理論が存在しなかったなら、**現代人は**

現代人のように世の中や自分自身の存在を考えず、また世界の大半の人間が、いまのように**人間観をめぐって両極端から対立し続けるこ**

図10-1 ⬆晩年のダーウィンの肖像写真。著名人の撮影で知られた女性マーガレット・キャメロンによるもの。 写真／Julia Margaret Cameron

ともなかったはずだからである。

ダーウィンは19世紀に、**「進化」と「自然選択」の理論**を生み出したイギリスの自然科学者である。地球上になぜかくもありとあらゆる種類の生物が存在するのか、魚類や両生類や爬虫類よりも人間を含めた哺乳類のほうがすぐれた生物種だと言えるのか、いったい生命はどこからやってきたのか？

◆◆◆いまも神に創造された世界に生きる人類

こうした疑問は誰が抱いてもおかしくない。にもかかわらず、すでに近代科学が発展し始めていたヨーロッパでさえ、**近世までそのような疑問を抱いた人間はほとんど見当たらず**、日本や中国やインド、アフリカなどでは、歴史上そうした形跡を見いだすのは困難である。せいぜい、ヨーロッパではダーウィン自身の祖父エラスムスやダーウィンよりやや上の世代のフランスの**ラマルク**（**図10-3左**）が、アラブ世界では9世紀の**アル・ジャーヒズ**（**図10-3右**）がそれらしい考察を行ったと見られるくらいだ。ジャーヒズの動物観察の記述は興味深い。

ヨーロッパ世界の場合、生物の多様性や進化に関心を抱かなかった理由は明瞭である。キリスト教的な唯一神教の精神的支配下にあった人々は、**「全能の神」がつくり給うた世界**

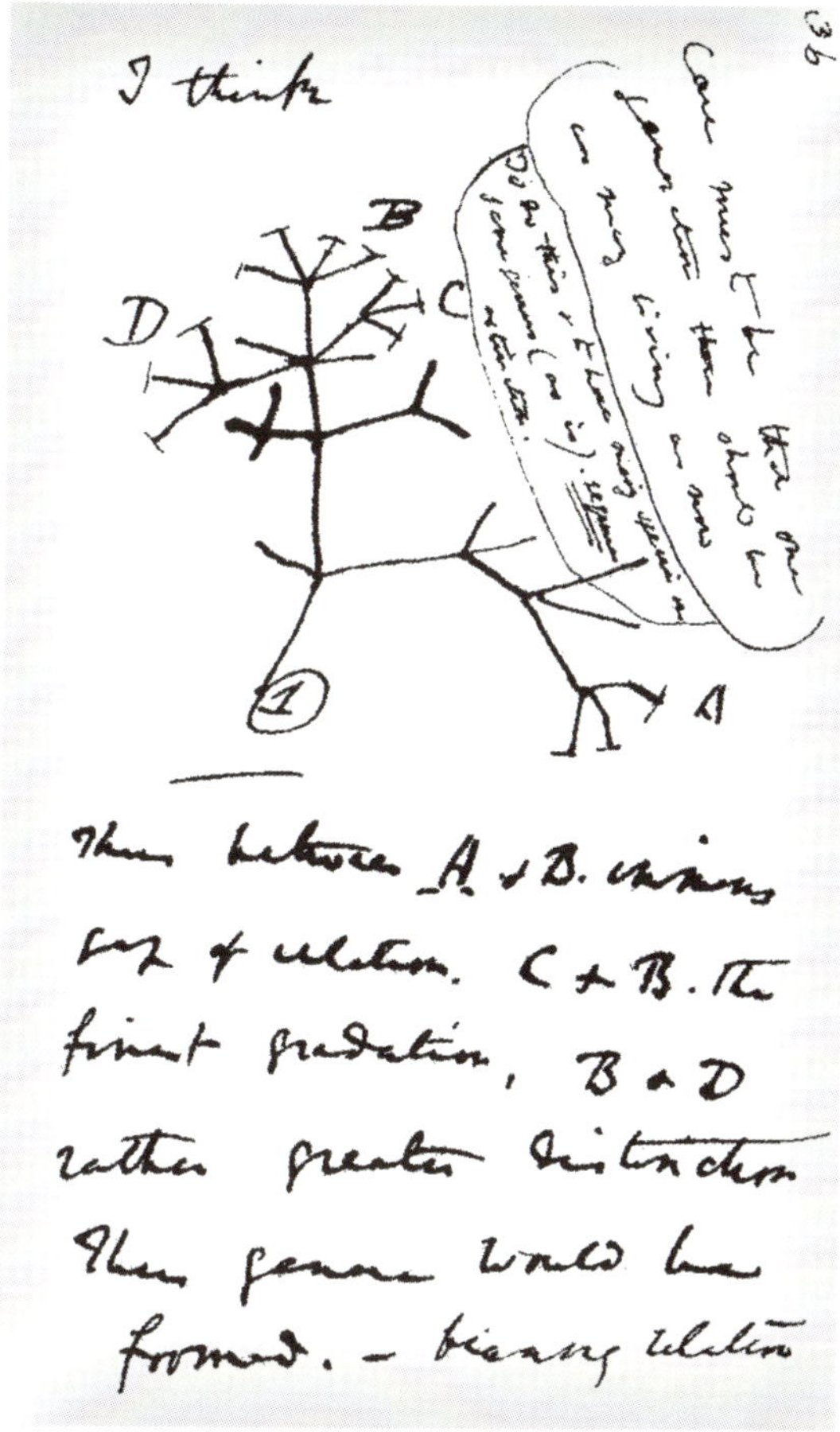

図10-2 ⬆ダーウィンの膨大なメモに現れる木の枝のようなスケッチ。現在のわれわれが知っている“進化の系統樹”はここに始まった。

に生きていた。神は自らの姿に似せて人間をつくり、そのまた僕《しもべ》たるあらゆる動植物を（『旧約聖書』によれば）一夜にして創造した――

驚くことに、**これは21世紀のいまも、世界人口70億人の半数をはるかに上回る人々の精神を支配している見方**である。

図10-5 ⬅ダーウィンが幸運にも同乗を許され、地球を1周したイギリス海軍の調査船ビーグル号。南米航行中の想像図。排水量242トンだった。

資料／R.T. Pritchett

参考資料／ C. Darwin , Journal of Researches during Voyage of the Beagle, etc.

◆◆◆◆◆ 誰もが共通の祖先から進化した

1809年、イギリス国教会（≒キリスト教カトリック教会）が精神支配するイギリス西部で、チャールズ・ダーウィンは生まれ出た。裕福な医師の息子チャールズは、長じてケンブリッジ大学で一時は神学を学んだが、博物学に関心が向き出すと彼の関心はその方向へと突出していった。そして1831年、幸運にも、**世界一周を計画していたイギリス海軍艦艇ビーグル号**（図10-**5、6**）に同乗を許され、以後じつに5年以上に及ぶ**世界大航海に旅立った**のである。

図10-3 ⬅地球生命の起源や進化について最初に考えたのはおそらくアラブ世界のアル・ジャービス（右）、そしてダーウィンの祖父エラスムス、フランスのラマルク（左）であろう。歴史上ほかにはそれらしい痕跡が見られない。

図／左・Duesentrieb、右・十里木トラリ

図10-4 ビーグル号の南半球1周の航海

1831年12月、海軍帆船ビーグル号（HMSビーグル）の2度目の航海に乗船したダーウィンは西まわりの世界1周に旅立った。船はイギリスを出航して大西洋を渡り南アメリカを目指した。そこで海岸線に沿って何度も往復して測量を行った後、ガラパゴス諸島やタヒチなどの南太平洋諸島を訪れた。この船とダーウィンはアフリカの喜望峰を経由して5年後に帰国した。

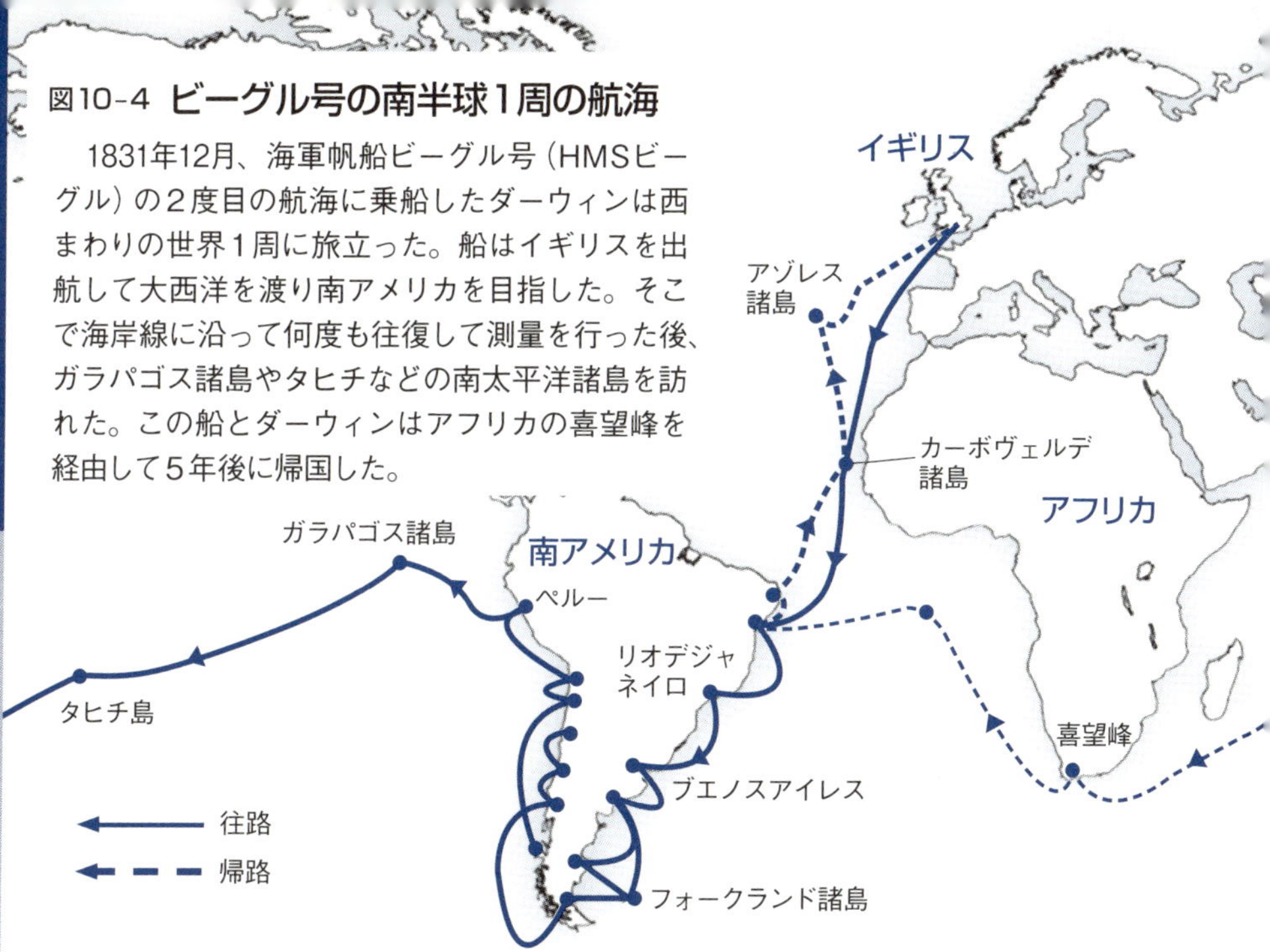

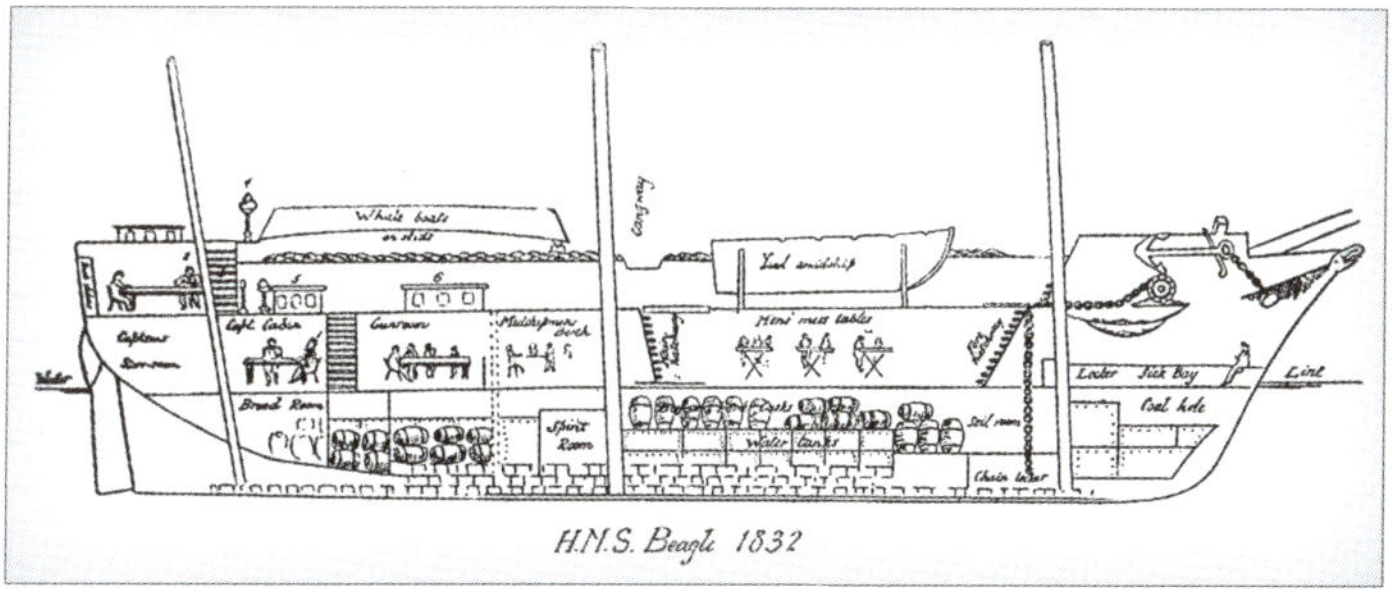

図10-6 ⬅ビーグル号の内部のスケッチ。6門の砲を備えていた。船底に大量の食糧や水を積んでいることがわかる。資料／Original drawing by F.G.King

ビーグル号は文字通り地球をほぼ1周した（**図10-4**）。そして行く先々の港で船を降りたダーウィンは、ときには何カ月にもわたってその**周辺地域のあらゆる生物を観察し、動物や植物、化石、鉱物などの標本をつくった**。あの南米の**ガラパゴス諸島**も寄港地のひとつであった。

こうして途方もない種類の生物を観察・収集したダーウィンは、それらがもつ特徴を微に入り細にわたって調べ、生物の「**種**《しゅ》」（**交配によって子孫を残せる集団**）のリストをつくり上げた。そしてその標本や調査内容をはるかな故郷ロンドンに送り続けた。同時に彼は、航海途上で観測・発見した一切をくわしい筆記録に残した。彼の英文記録（著書の邦訳版でよいが）を読み切る情熱と執念をもつ読者がいたなら、チャレンジする価値はある。

こうしてダーウィンは1836年、ついに母国に戻ってきた。そして、この長期探検調査で得たものと彼自身の解釈をひとつの理論として1冊の分厚い書にまとめ、出版した。それが**『種の起源』**である（原題：On the Origin of Species by means of Natural Selection。図10-7）。

彼が到達した理論、すなわち**ダーウィン進化論**は、簡潔に言うなら次のように宣言していた。

「生物の種は〝自然選択〟の過程を経て生き延びてきた。個々の生物はつねに生存競争をしながら生きている。彼らにはそれぞれ小さな違いがあり、その違いによって環境により適応できる個体がより多くの子孫を残す。この自然選択が積み重ねられると差異はしだいに大きくなり、ついには新たな種が生まれる。これが生物の進化である」

ビーグル号による地球スケールの探検調査から、ダーウィンは重大な発見をした。それは、あらゆる生物種には類似性・共通性があること、だが同時に、生息する地域の環境が変わると同じ種でも変化が生じることだ。すべての生物種におけるこのような特性から、彼はある確信を得た。それは、われわれがいま地球上で目にするあらゆる生物種は、**（人間自身も含めて）共通の祖先生物から徐々に進化していまのような姿になった**、というものである。

あらゆる種の生物が存在する理由を進化と自然選択の観点から見る——これはずっと後になって、「ダーウィン進化論」とか、その見方を人間社会にまで拡大して「**ダーウィニズム（ダーウィン主義）**」と呼ばれることになる。

◆◆◆

〝ダーウィンのブルドッグ〟の後押し

ダーウィンの理論は、当時の他の自然科学者・生物学者のそれとは別物であった。というのも、彼以外のおそらく全員が、すべての生物種ははるか昔に出現し（原初的には旧約聖書の記述のように全能の神によって人間と同時に創

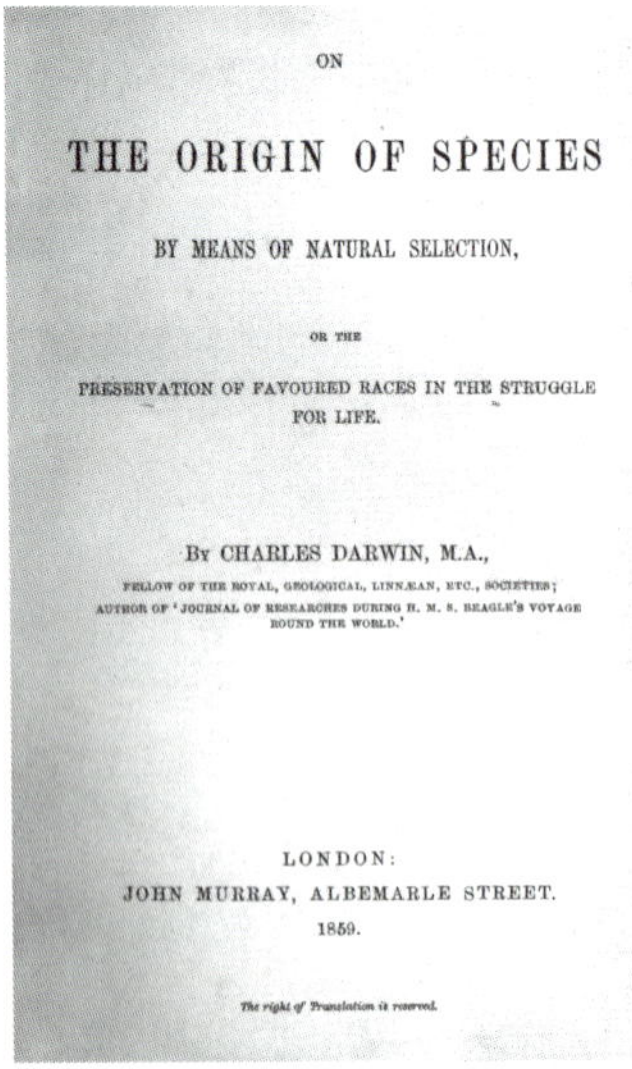
ON

THE ORIGIN OF SPECIES

BY MEANS OF NATURAL SELECTION,

OR THE

PRESERVATION OF FAVOURED RACES IN THE STRUGGLE FOR LIFE.

BY CHARLES DARWIN, M.A.,

FELLOW OF THE ROYAL, GEOLOGICAL, LINNÆAN, ETC., SOCIETIES; AUTHOR OF 'JOURNAL OF RESEARCHES DURING H. M. S. BEAGLE'S VOYAGE ROUND THE WORLD.'

LONDON:
JOHN MURRAY, ALBEMARLE STREET.
1859.

The right of Translation is reserved.

図10-7 ⬆ダーウィンが1859年に発行した『種の起源』（原題は『自然選択による種の起源について』）の表紙。500ページ以上の大著である。

造され）、以来その姿のまま世代交代をくり返して現在に至ったと考えていたからだ。

これを**完全にくつがえすダーウィンの見方**は、単に革命的であっただけでなく、とりわけ**ヨーロッパやアメリカの社会に非常に深刻な問題を引き起こした。**

ただし、ダーウィン進化論とか自然選択説という名称そのものはダーウィンのものではない。これは、彼が帰国してから25年ほど後の１８６０年に、高名な生物学者**トマス・ヘンリー・ハクスリー**（**図10-8**）が命名したものだ。

図10-8 ⬆ダーウィン進化論、自然選択説などの命名者で、当時の批判に反論して“ダーウィンのブルドッグ”と呼ばれたトーマス・ハクスリー。 写真／w:Woodburytype

ハクスリーは、旧来の生物観にしがみついてダーウィンを激しく批判・攻撃した当時の生物学者たちと公開の場で討論し、これを打ち破った。そのため彼は以後**“ダーウィンのブルドッグ（番犬）”**とまで呼ばれることになった。もっとも彼は、ダーウィンの見方を細部まで受け入れていたわけではない。

ダーウィン理論のうちのとりわけ自然選択説は、20世紀はじめに**メンデル遺伝学**[*1]が再発見されると、一時的に失墜の憂き目を見ることになる。だが20世紀半ばに「**集団遺伝学**[*2]」が誕生すると、この研究は自然選択と遺伝学をひとつのまな板の上で論じるようになり、ダーウィン進化論は進化の「**総合説**」として息を吹き返した。

現在ではこれは、別名「総合進化説」「ネオダーウィニズム（新

＊1 **メンデルの遺伝学**
1865年、オーストリアのグレゴール・メンデルは、エンドウの研究から遺伝の法則を見いだした。それによれば、それぞれの遺伝的形質は2つ1組の因子（現在では対立遺伝子と呼び、両親からひとつずつ受け取る）によって決定される。各因子は生殖の際に分離して別々の生殖細胞に入り（分離の法則）、各因子を由来とする形質がまじりあうことはない（独立の法則）。また、1組の因子には形質として優先的に現れる因子（顕性＝優性）と、現れにくい因子（潜性＝劣性）がある（優劣の法則）。

＊2 **集団遺伝学**
生物集団の中の遺伝的構成がどのような法則に支配され、時間とともにどう変化していくかを追求する遺伝学の一分野。その究極的な目標は生物の進化機構の解明である。1930年代にロナルド・フィッシャー、J・B・S・ホールデーンおよびシーウォル・ライトが行った数理学的な研究によって体系化された。

ダーウィン主義）」などの名で呼ばれるが、どのように呼んでもダーウィン進化論（自然選択）の見方が骨格をなしていることに変わりはない。

◆◆◆進化論を拒絶し、神にすがる現代人

しかしこの進化論の登場については、**触れておくべきいくつかの問題**がある。それもおもに、**人間社会を混濁させる重苦しい側面**である。

第1に、自然選択によっていまの人類が存在するというなら、**人種的な違いもまた自然選択によって生じたことになる。**コーケシアン（白人種）、モンゴロイド（オリエンタルズ、東洋人種）、ネグロイド（黒人種）、カラーズ（その他の有色人種）などの間に、もし生物学的な差異や優劣――知能、基礎体力、運動能力、基本的な外見など――が存在するとしたら、その違いは自然選択の結果と考えなくてはならない。

そのため、ダーウィン進化論が登場してからまもない20世紀前半には、ある人種は別の人種より優れているとか劣っているとする見方（**優生思想**[*3]）が世界的に広まり、深刻な人類史的問題を引き起こした。その過激な事例が、20世紀前半に戦われた第二次世界大戦でナチスドイツを率いた**アドルフ・ヒトラーによるダーウィン理論の政治利用**である。彼は、ユダヤ人などに対する狭義のアーリア人（ゲルマン民族）の生物学的、進化的優越性を主張した。そしてその主張はドイツ国民に深く浸透し、結果的に**数百万のユダヤ人を殺戮するに至った**（ヒトラーの思想はその著**『わが闘争』**に示されている。日本人はこの書（翻訳版）を読むことが許されている世界にまれな国民である）。

こうした**優越性や劣等性の問題意識は現在も社会に内在化しており、世界的に深刻な差別意識を引き起こし続けている。**だが現在、少なくとも生物学的な見方からは、人間（ホモ・サピエンス）はただひとつの種であり、そうした進化的差異は存在しないとするのがこの問題への唯一の答えになっている。

第2は、自然選択によって多様な生物が生まれ、すべての生物は進化途上にあるとする**進化理論は、21世紀の現在**

＊3 **優生思想**
20世紀初頭、ダーウィンの進化論をもとに、生物（人間）はよりすぐれた遺伝形質をもつ者を残し、劣等な遺伝子をもつ者は排除されるべきとする「優生学」が生まれた。これが社会的な優生思想へと拡大され、ナチスドイツのきわめて大規模なユダヤ人虐殺などの根拠とされた。他にも精神疾患をもつ者の排除などが世界的に広がり、ダーウィン進化論の歴史的汚点となった。

でも普遍的に受け入れられてはいないということだ。

日本人のような文化的にほぼ無宗教の国民は、一方でダーウィン進化論を科学知識として率先して受け入れ、他方で悲しみや困難に出合うといとも安易にヤオヨロズの神々や仏に祈ったりする。大半の日本人にとっては、科学理論と非科学的信仰の間に壁が存在しないようなのだ。

だが世界を見ると、**日本人ほど無宗教的な国民は非常にまれである。たとえば科学の最先進国であり超大国であるアメリカの市民は、日本人とは際立った対照をなしている。アメリカの人口はいまや3億2700万人に達するが、彼らの圧倒的多数は絶対的存在としての神を信じている。**

2018年4月、大規模な世論調査で知られるアメリカのシンクタンク、ピュー・リサーチセンターが、現在のアメリカ人の何%が〝全能の神〟の存在を信じているか調査した。筆者は多数のアメリカ人やアメリカ文化との長年の接触経験から、アメリカ人の50~60%が神の存在を信じ、進化論を受け入れていないこと（州によっては学校教育で進化論を教えない）を承知していたつもりであった。だがこの最新の調査結果の前では認識不足を認めざるを得ない。

それによると、**現在のアメリカ人のじつに80%、5人のうち4人が神の実在を信じている**という。もちろん全知全能の神を絶対視し、この世界が神によって創造されたと信じている人から、神的な存在を漠然と信じる人まで、信仰のレベルには幅がある。だがこの調査では、神や神に近い何者かの存在を否定し、世界を純粋に科学的に見ようとしていると答えた人は10%、10人にたった1人である。20世紀末頃より科学的認識がむしろ低下しているのだ。

自由主義の世界では何を信じても個人の自由ではある。イワシの頭も信心からとも言う。しかし、現実生活では科学知識を学んだりその技術を利用して生活を合理的で快適にしようとし、他方で非理性的で非合理的な存在に〝神だのみ〟して生きる——**現代人の多くは、自らのそうした矛盾と弱さの中で生きている**と言わざるを得ない。

ひとつの客観性をつけ加えるなら、少なくとも現代科学、とりわけ分子生物学における**遺伝子**（DNAの本体。90ページ図11-3参照）の研究は、19世紀末にダーウィン本人が予想もしなかったであろう速さと広がりで、**進化理論の基本的正しさを実証**している。だが他方で、神や神に似た**超自然的な存在は、人間の弱い心の拠りどころ**としての役割を今後も果たし続けるということなのであろう。●

第11章

生命発生の理論

地球の生命はいつどうやって誕生したのか？

◆◆◆宇宙生物がタコを進化させた？

映画やSFでは古くから、〝宇宙からの侵略者〟がしばしばタコ型に描かれる。これはゆえのないことではない。タコの触手（蝕腕）が自在にくねるのは、人間をはじめ地球のどんな地上生物にもとうていできないワザであり、頭と脚だけのようなその姿は、われわれが地上で見慣れている生物のイメージとはかけ離れている（**図11－2**）。

海に棲むタコはときには体長が３ｍ以上にもなり、その**脳は無脊椎動物の中では最大**で、体重比でも魚や爬虫類を上回っている。彼らは非常に知能が高く、複雑な迷路をなんなく通り抜け、図形を見分け、えさの入ったびんのふたをねじって開ける。ガラクタを拾ってきて巣のまわりに置いたりさまざまに並び替える、貝殻やココナッツの殻

図11－1 ⬅誕生したばかりの地球には生命は存在しなかった。しかし、隕石の衝突や落雷、放射線などによって生命を生み出すためのさまざまな化学反応が起こっていたと見られている。
イラスト／Michael Carroll

図11-2 ⬅イギリスの小説家H.G.ウェルズの『宇宙戦争』（1898年）に登場する宇宙人は、頭が巨大で脚は退化している。
資料／H.G.Wells,『The War of the Worlds』

で隠れ家をつくる。集めた貝殻で〝アパート〟をつくり、集団で暮らすことさえある。

タコの脳をつくっている神経細胞（ニューロン）は数億個といわれ、その3分の2は脳から脚に直接つながっている。8本（ときにそれ以上）の脚は独立して動き、脚を1本切り落とされても、その脚はしばらく動きまわってえさを探したりする。

しかも彼らの**遺伝子は他の生物とは大きく違う**。そもそも**遺伝子**[*1]**（この場合たんぱく質の情報をもつ遺伝子の数）の数が3万3000個と、人間（2万2000個）よりずっと多い**。またタコの場合、遺伝子からいったん読み取った遺伝情報をわざわざ〝書き換えて〟からたんぱく質をつくることが多い。この方法を使えば1個の遺伝子からいくつものたんぱく質ができる。他の生物もこのしくみをときたま使っているが、タコははるかに大規模に活用している。タコの体が他の生物とあまりにも違うので、太古に**宇宙空間から地球に降り注いだウイルス**[*2]が**タコを進化させた**と主張する研究者もいるほどだ。つまり、タコは地球外生命と地球生物との〝混血〟だというのだ。

とはいえ、タコもまた他の生物と同様、巨大分子**DNA**（90ページ図11－3）を遺伝子としている。とすればタコも、人間やイヌやネコ、あるいはゾウリムシや粘菌などのもろもろの生物と共通の祖先をもつ可能性が高いと見られる。

もっとも、どこか宇宙の別の場所で誕生した生物も、DNAを遺伝子としてもつかもしれない。DNAほど大量の情報を蓄え、効率的にコピーし、ときには複写ミスをしながら、情報を子孫に伝えられる分子がほかにもあるかどうかはわからない。生命を存続させるに足りる遺伝物質としてDNAは最適かもしれないのだ。ともかくわれわれは、

21世紀のいまにあっても、**地球生命、つまり自分自身がいつどのように誕生したのか知らない**のである。

◆◆◆宇宙空間を漂う〝生命の種〟

古代には、生命誕生についておおむね2つの見方があった。ひとつは全能なる神があらゆる生物を創造したとするもの（「**創造説**」）、もうひとつは、泥や砂、炎といった命をもたない物質から〝生物が自然に発生した〟というものである。後者の「**自然発生説**」については、泥の中にさまざまな幼虫が住んでいたり、暖かくなると水辺に蚊が大量発生したり、人間や動物の死体にうじ虫が〝わいて出たり〟することから科学者たちも長らく信じていた。

だがそれも、19世紀フランスの生化学者**ルイ・パスツール**が**白鳥の首フラスコの実験**を行い、**自然発生説を完全に否定**するまでだった（図11－4）。自然発生に見えたのは、実際にはごくごく小さな卵や幼虫が土中に存在していたり、昆虫が死体に卵を産み付けたためであったのだ。こうして「生物は生物から生まれる」ことが明らかになると、科学者たちは困惑した。

では真に最初の生命はどこからやってきたのか？　生命が生命からしか生まれないなら、いつまでたっても最初の生命にはたどり着かない。地球が無限の過去から存続したなら、最初の生命がなかっ

図11-3 DNA

⬆地球生物の遺伝情報をもつDNA。人間の体では、赤血球を除くほぼすべての細胞がこの巨大分子をもっている。長さは約2m。　図／Sponk

＊1　**遺伝子**　生命の遺伝情報をもつ物質のこと。地球の生命体は知られているかぎりすべてDNAを遺伝子としてもつ（一部のウイルスの遺伝物質はRNA）。狭義には、1個のたんぱく質をつくる遺伝情報をいう。

＊2　2018年、E・スティールら国際研究グループは約5億4000万年前のカンブリア紀にさまざまな生物が登場したのは、地球と有機物の雲が衝突したためとする研究を「Progress in Biophysics and Molecular Biology」誌に発表した。さらに2億7000万年前のタコの飛躍的進化は宇宙からのウイルスによって促進された、あるいは宇宙から凍結状態のタコの卵がもたらされたとする仮説を示した。

＊3　**光の圧力**　光は物質に衝突すると、そのまわりに生ずる電磁場によって跳ね返る。これが物質を押す力となる。彗星の尾が曲がるのも太陽光の圧力によるもの。2010年、JAXAが打ち上げた太陽光の光圧によって推進するソーラーセイル「イカロス」は金星の近傍まで到達した。

たとしてもおかしくないかもしれない。だが20世紀半ばには、地球が数十億年前に誕生したことが示された。とすれば、地球の誕生から現在までのどこかの時点で生命が誕生したか、あるいはどこかから持ち込まれたかのいずれかである。

どこかとはどこか? 19世紀、ドイツの**ヘルマン・リヒター**は、それは宇宙空間だと考えた。**生命の本質は自らの存在をどこまでも広げようとする**ことであり、それは天体から天体へと移動もする——これ以降、多くの科学者がこの見方に刺激を受けた。20世紀の初頭、スウェーデンの科学者**スヴァンテ・アレニウス**（92ページ図11-5）は、**〝生命の種〟となる細菌の胞子が、光の圧力**[*3]**によって天体から天体へと移動している**と考えた。その胞子が地球上で芽生え、現在の生物の起源になったというのである。彼はこれを「**パンスペルミア（胚種広布）説**」と呼んだ。いいかえるなら**生命の宇宙起源説**である。高名な天文学者フレッド・ホイルなどもこの説の現実性を詳細に論じている。

図11-4 白鳥の首フラスコの実験

⬇フラスコ内の肉汁を加熱して殺菌し、かつ微生物の侵入を防ぐと、肉汁は腐敗しなかった。これにより生命の自然発生説は否定された。

たしかに生命体が宇宙空間を漂い、ついには地球にもたどり着くというのは魅惑的な着眼である。宇宙空間は極低温で大気も存在しないが、すべての生物にとって死を意味するわけではない。生物はほとんどどんな環境にも適応する。超高圧の深海底でも生物は生きているし、南極の凍った湖の底にも生態系が存在する。体長1㎜ほどの**クマムシは液体窒素（マイナス196℃）内でも生命を維持**し、大量の放射線が飛び交う**原子炉の内部で生きる細菌**もいる。

さらに、大気がなく宇宙放射線にさらされている極寒の**月の表面で生きる細菌**もいる。1960年代に打ち上げられたアメリカの月探査機サーベイヤー3号は、打ち上げ前の殺菌が十分でなかったらしく、2年半後に月面に着陸したアポロ12号が持ち帰ったサーベイヤーのカメラから生きている細菌が見つかっている。

とすれば、地球上の生物が宇宙からやってきたと考えても荒唐無稽ではない。だが読者はただちにこう指摘するかもしれない。パンスペルミア説は地球生命の起源を説明するかもしれないが、生命そのものの起源、つまりその生命がどのようにして宇宙で誕生したかの疑問に答えたことにはならない。問題が先送りされただけだと。

たとえパンスペルミア説が正しいとしても、地球でこれほどに生命が繁栄していることを考えれば、地球には生命が誕生する条件がそろっていると見てよいはずである。

こうして1924年、生命誕生に関する2本の論文が発表された。ソ連（現ロシア）の**アレクサンドル・オパーリン**（図11-6）とイギリスの**J・B・S・ホールデーン**（図11-7）がそれぞれ書いたものだ。彼らは面識がなく、たがいを知らなかったが、内容は非常によく似ていた。その主張はいずれも「**生命は物質が進化して誕生した**」とするものだった。

図11-5 ⬆アレニウスは化学反応論などでも知られている。1903年ノーベル化学賞受賞。

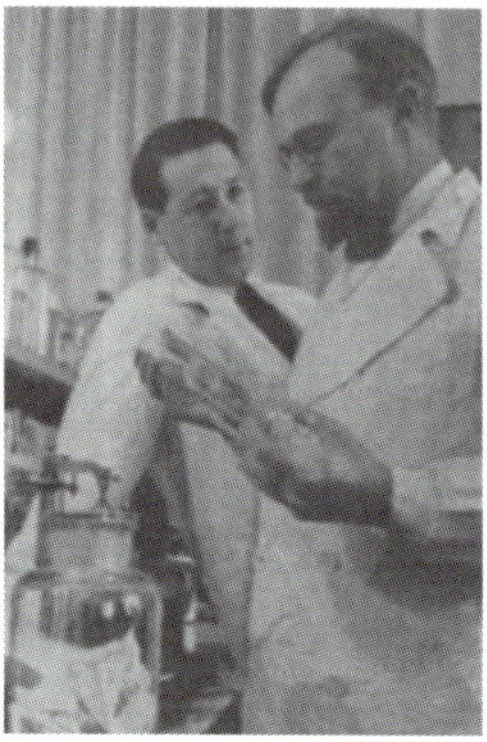

図11-6 ⬆マルクス主義者の文脈から生命誕生を語ったオパーリン。

図11-7 ⬆ホールデーンは自身を実験材料として利用していた。

原始スープから〝自然選択〟により生命誕生？

生命と非生命を分けるものは何か？　生命も物質の一種であるから、〝命〟がなくなれば（＝死ねば）、それまでと同じ物質でできているにもかかわらずただの物質に戻る。だが、命があるものとないものには明らかな違いがある。命のある物質の特徴はおもに以下の3つである。

① 外界と自分を隔てる**境界**（膜など）がある
② 自らを**複製**する（あるいは遺伝情報をもつ）
③ **代謝**（エネルギーや物質を取り入れ、不要物を排出する）を行う

これら3つが生命の絶対条件と厳密に定義することはできない。だが、どうすればただの物質からこのような特徴

図11-8 **ユーリー=ミラーの実験**

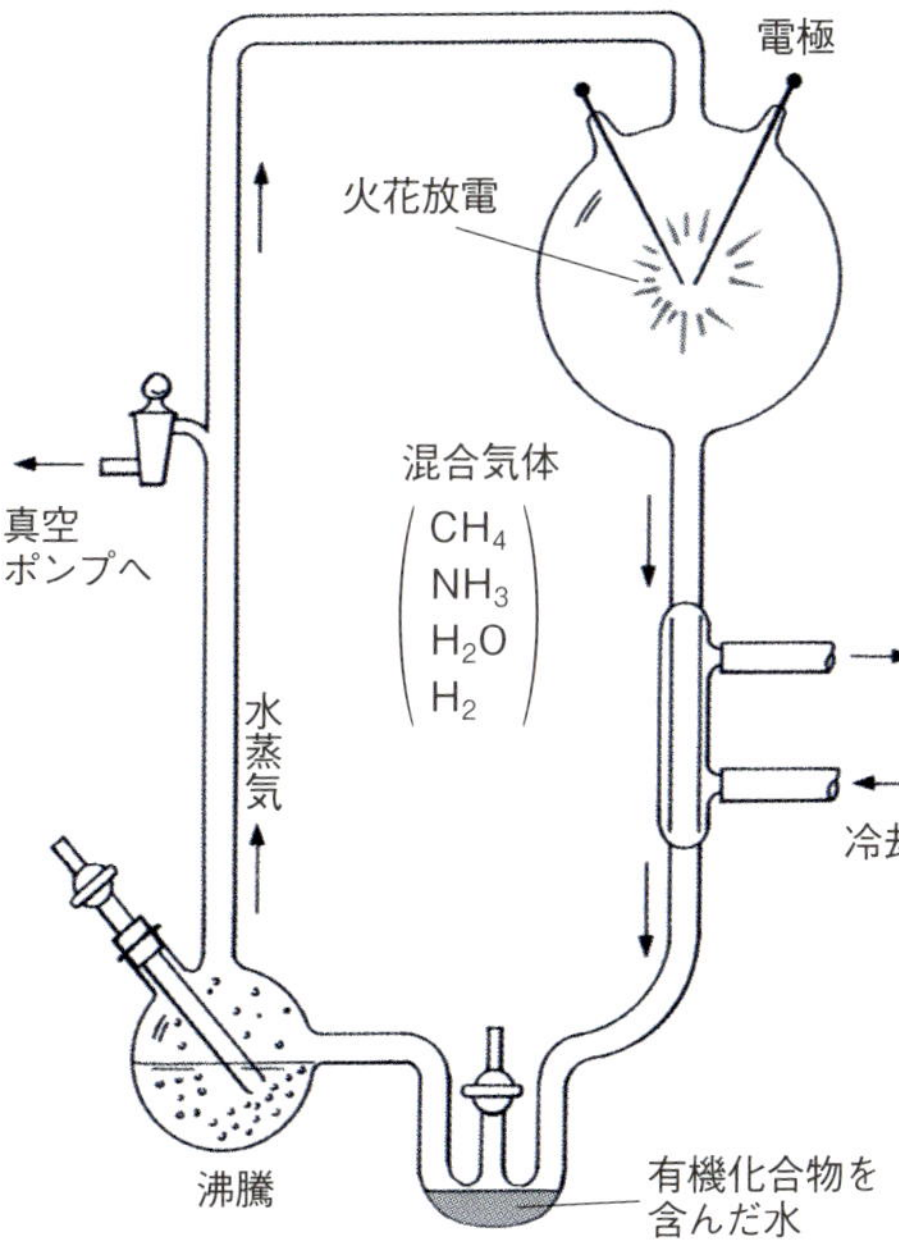

⬅ハロルド・ユーリーの研究室の学生スタンリー・ミラーがメタンや一酸化炭素など地球の原始大気を模した気体に放電したところ、さまざまなアミノ酸が生成した。ただし現在では地球の原始大気はおもに二酸化炭素だったと見られている。

をもつものが誕生するのか。

オパーリンやホールデーンは原始の地球でさまざまな〝**生命の材料**〟が生まれたと考えた。地球の原始大気に雷や紫外線、放射線、熱などのエネルギーが加われば、生命の材料としての有機物（アミノ酸やそれらがつながったペプチドなど）が生まれるはずだ（**図11－8**。**ユーリー＝ミラーの実験**）。金属などの触媒[＊4]が存在すれば、さらに複雑で大きな分子も生まれる。それらは暖かな海辺の潮だまりなどでしだいに濃縮されてスープ状になっていく。ホールデーンはこれを「**原始スープ**」と名付けた。

ついで原始スープの内部では、アミノ酸やペプチド、その他さまざまな有機物が反応し、凝集していく。そのうち膜に包まれたものも現れる。実際、何種類かの物質や水を混ぜ合わせると、袋状の構造物「**コアセルベート**」（94ページ**図11－9**）が生まれる。オパーリンは自分でもさまざまなコアセルベートをつくり、そのふるまいを調べた。細胞に似たそのかたまりは周囲の物質を吸収して成長し、大きくなると割れる。そしてより

＊4 **触媒** 自分自身は変化せず、反応を仲介する物質。これによって反応しにくい物質が反応したり、反応が加速したりする。生体内の酵素も触媒の一種。

＊5 自然選択説を提唱したダーウィンも、生命は最初ただひとつの存在であったと見ていた。

＊6 19世紀末には一部の科学者は地球は生まれてからせいぜい1億年しかたっていないと推測した。20世紀に入ると、岩石中の放射線を測定するという新たな方法で地球の歴史を見積もりはじめたが、1920年の時点では15億年程度でしかなかった。

速く成長するものが他を圧倒して増えていく。〝生存競争〟に敗れたものはついには分解する――こうして**物質にもある種の〝自然選択〟がはたらく**、つまり物質が進化するというのである。[*5]

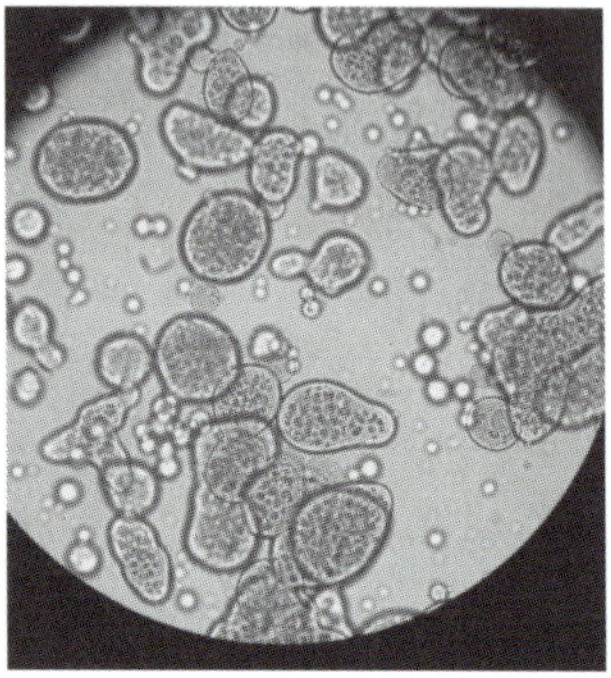

図11-9 ⬅ペプチドや多糖類などで作った液滴コアセルベートは、細胞のように成長・分裂し、〝自然選択〟を起こす。　写真／Khayman

ちなみにオパーリンは、地球はかつて、太陽のような星になるには質量が小さすぎる〝暗い恒星〟であったとみていた（実際の地球の質量は太陽の33万分の1）。当然ながら地球の原始大気についての見方も現在とは違っていた。生命体だけではなく、地球や宇宙の歴史についてもほとんどわかっていなかった。[*6] だが、オパーリンやホールデーンの生命誕生理論の道筋は現在でも支持されている。

◆◆◆マルクス主義と生命誕生理論

アレクサンドル・オパーリンは1894年ロシアで生まれ、1917年ロシア革命の年にモスクワ大学を卒業した。多感な時期に第一次世界大戦とロシアの政変を経験し、彼は生粋のマルクス主義者になったと見られている（第9章参照）。彼は**生命の誕生をマルクス的な進歩史観の中においた**。生命の誕生は「歴史的発展の1段階にすぎない」と述べ、著書でもたびたびエンゲルスの言葉をひいている。

興味深いことに、オパーリンより2歳年上のホールデーンもマルクス主義者であった。ホールデーンは遺伝学の言葉でダーウィンの進化論を語った最初の科学者であり、かつ**集団遺伝学**（85ページ参照）の創始者のひとりでもある。彼は父が医師、伯父が陸軍大臣も務めた有名な政治家、大叔父はオクスフォード大教授というエリート階級に育ち、自身もまたオクスフォード大学の卒業生である。しかし、在学中に第一次世界大戦となり、勉学を一時中断して士官としてフランスや現在のイラクで戦闘に参加した時期に社会主義に傾倒した。さらに1930年代にはレーニンの著書を読んでマルクス主義者となったという。

◆◆◆生命はいまも生まれている？

オパーリンやホールデーンらが生命誕生の仮説を提出してから1世紀近く経った現在でも、生命がどのように誕生

表11-1 **生命発生の仮説・理論**

作成／矢沢サイエンスオフィス

	提唱者（提唱年）	理論の概要
創造説	古代からの神話・伝説、聖典等	神が世界をつくり、さまざまな生物たちと自身の似姿としての人間を創造した。
自然発生説	タレース（紀元前6世紀頃）	泥に熱が作用して生命が発生する。
	アリストテレス（紀元前4世紀）	泥からウナギやエビ、穀物からネズミ、腐肉からハエなどが生まれる。
パンスペルミア説（生命宇宙起源説）	ヘルマン・リヒター（1865年）	微生物が彗星などの天体に乗って移動し、地球に到達した。
	スヴァンテ・アレニウス（1908年）	細菌の胞子が光の圧力によって宇宙空間を移動し、地球に到達した。
	フレッド・ホイル、チャンドラ・ウィックラマシンゲ（1974年）	彗星内部に含まれるウイルスや細菌が、彗星近接時や衝突時に地球に運ばれた。
意図的パンスペルミア説	レスリー・オーゲル、フランシス・クリック（1973年）	地球外の高度な文明が意図的に“生命の種子”を新しい惑星系に送り込んだ。
原始スープ説	アレクサンドル・オパーリン（1924年）	大気中の分子が熱や紫外線、放電などによって反応して生命の材料分子を生み出し、それらが海辺などで濃縮された。この原始スープ内で生命が誕生した。
	J.B.S.ホールデーン（1924年）	
彗星衝突説	ホアン・オーロ（1961年）	アミノ酸や水などを含む彗星が地球に落下し、衝突地点に生まれた有機物に富む池で生命が誕生した。
隕石衝突説	中沢弘基（2006年）	地球に隕石が衝突した衝撃と鉄の触媒作用でさまざまな生命の材料分子が生成した。
熱水噴出口説	J.コーリス（1980年）	深海底の熱水噴出口のまわりの還元的な環境で生命の材料分子が生じた。
恒星近傍説	B.パーカーら（2015年）	DNAの材料となる窒素を含む環状の分子は超高温の星の近傍などで生成した。
粘土鋳型説	ジョン・バナール（1947年）	粘土表面に付着した有機物がしだいに進化していった。
	アレクサンダー・ケアンズ-スミス（1982年）	遺伝子の起源は粘土鉱物であり、それに付着した有機物が遺伝子システムを乗っ取った。
RNAワールド説	アレクサンダー・リッチ（1962年）、カール・ウーズ（1967年）、フランシス・クリック、レスリー・オーゲル（1968年）	遺伝情報を運び酵素のはたらきももつRNAが遺伝子の起源であり、その後、より安定なDNAが遺伝システムを乗っ取った。
ハイパーサイクル説	マンフレート・アイゲン（1971年）	自己複製する分子（=RNA）が他者の複製を助けるというサイクルを形成してより複雑に進化していった。

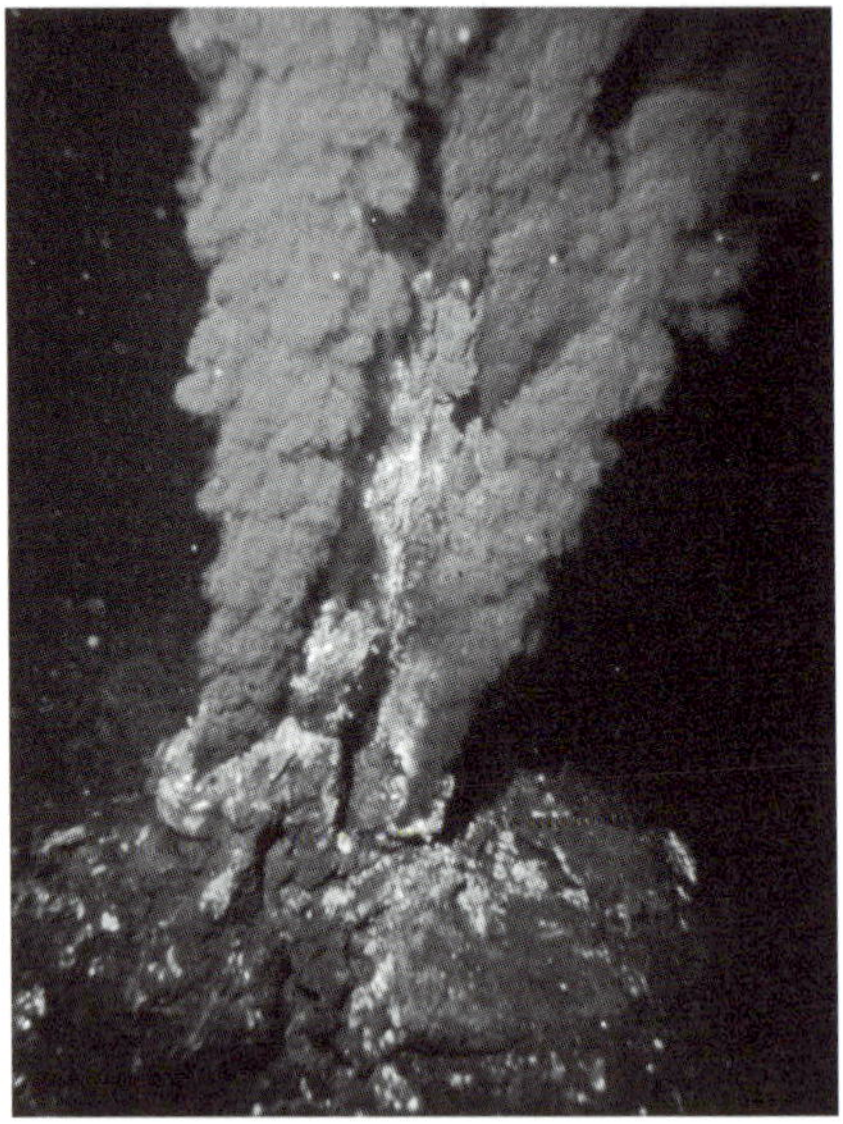

図11-10 ⬆熱水噴出口のまわりには、反応性の高い物質や、触媒としてはたらく金属などが豊富に存在している。

写真／NOAA Photo Library

したかは明らかではない。生命の誕生する場所としては、海辺の潮だまりのほか、深海底の熱水が噴き出す**熱水噴出口**（図11－10）、**彗星の落下地点**などもあがっている。氷でできた彗星が水やさまざまな種類のアミノ酸を宇宙空間から持ち込むというのだ（**表11－1**）。

　とくに、DNAを中心とする**自己複製システムがどのようにできあがったか**には、単なる物質進化の議論とは異なる困難さがある。**DNAは自分自身ではなく他の分子の情報を保持して伝える**役割をもつ複雑なシステムだからだ。現在はDNAによく似たRNA分子とたんぱく質が協調して原始的な生命体をつくったとする「**RNAワールド説**」が有力である（左ページ**コラム**参照）。これに対し、最初の自己複製システムは粘土の結晶であり、その後、結晶上に付着した大型の分子がこのシステムを乗っ取ったとする「**粘土鋳型説**」のようなものもある。

　他方で人工ウイルスや人工細胞をつくる実験も行われており、それによりいつかは生命と呼べるものが誕生するかもしれない。あるいは地球のどこかで生命はいまも誕生しているかもしれない（とはいえ、すぐに既存の生命体に食べられてしまうだろうが）。

　オパーリンは1977年の著書で、地球生命の誕生は「世界中で**無数に起こったに違いない出来事**のただひとつの事例」だと述べている。そして生命起源の研究は、「**宇宙の他の場所にも生命が存在する**という見方の確実な論拠」

*7　2018年6月、NASAは、火星探査ローバー「キュリオシティ」が火星のゲール・クレーターの土壌中から窒素や酸素を含む複雑な有機化合物を見いだしたと発表した。このクレーターは約35億年前は湖だったと推測されている。

*8　**ルイセンコ事件**　旧ソ連の農学者トロフィム・ルイセンコ（1898～1976年）は、メンデルらの遺伝学に反対して、環境操作で植物の遺伝形質を変えられるという説（ルイセンコ学説）を唱えた。彼は、この説を当時のソ連の社会・経済理論に合うように調整し、他方でこの説に反対する人々を攻撃し、追放に導いた。スターリンは彼を支援し、ソ連の科学研究の国際的信用は失墜した。

column

RNAワールド

肉眼では見えない微小な細菌も、土中に生きるミミズも、人間も、体の設計図として**DNA**をもっている。ただし建築物の設計図と違い、DNAが保持するのはたんぱく質の情報のみだ。

生物には遺伝情報が必須なので、自然界で**DNAが最初にどう作られたかは生命誕生のカギ**となる。だがDNAはきわめて複雑な分子であり、材料を混ぜても分子にはならない。生物の体内や試験管でDNAを作るには酵素（たんぱく質）の助けが必要だが、たんぱく質の情報はDNAがもっている。とすれば、生命の誕生途上でDNAとたんぱく質はどちらが先に生まれたのか？

ここで注目されたのがDNAによく似た**RNA**である。DNAはらせん階段状に２本の鎖が絡んでいるが、RNAは１本の鎖だ（**右図**）。

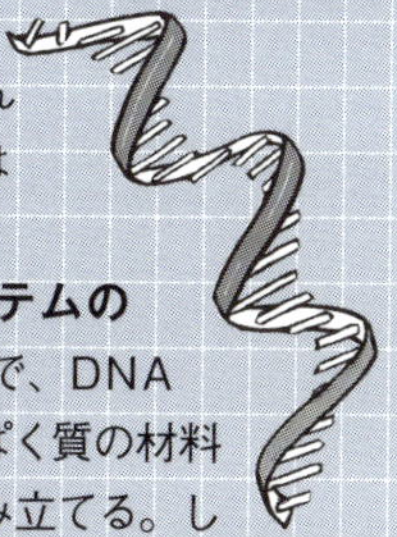

RNAは遺伝システムの“スーパースター”で、DNAを読み取り、たんぱく質の材料を運び、それを組み立てる。しかも酵素のようにはたらき、遺伝子発現の調整にもかかわる。そこで多くの人々が「**生命はさまざまなRNAが反応しあうRNAワールドで誕生した**」と考えた。

とはいえ話はそう簡単ではないことも明らかになった。RNAもDNA同様、自然に生じるには複雑すぎるのだ。さまざまな仮説は登場しているが、いまだ真実には遠い。

になるという（ちなみに2018年火星で有機物が発見され、この主張を一部裏付けた）。[7]

オパーリンは西側世界では長らく注目されなかった。ロシア語で論文を書いたためでもあるが、重大な偽造科学事件（**ルイセンコ事件**[8]）を起こして農村に大打撃を与えたトロフィム・ルイセンコに彼が協力していたためでもある。一時期ソ連でも大きな批判を浴びたが、後に許され、1980年の死の数カ月前に国際的な賞を受賞してもいる。

他方のホールデーンはルイセンコ事件に衝撃を受け、自分の政治的信条と科学的信条の間で大きく揺れ動いた。彼は実証主義者であり、**自分を実験材料にする**人物であったからなおさらショックは大きかった。塩酸を飲んで筋肉の反応を調べたり、安全な潜水法を探るため減圧室に何度も入り、ついには鼓膜が破れて全身痙攣を起こしたこともある。

ホールデーンは1956年にインドの統計研究所に赴任し、ヒンズー教に改宗した。1964年がんに冒されながらも「がんはおもしろいこと」という詩を書き、自分が死んだら現地の病院に献体するよう手配した。彼は逡巡しながらも死ぬまでマルクス主義者であった。●

第12章

脳と意識の理論

意識や知性はどうやって生まれるか？

◆◆◆「中国語の部屋」が考える？

その小さな部屋にはカギがかかっており、なかに**ジョン・サール**という名のアメリカ人の男が椅子に座っている。彼のそばには中国語で書かれた本とともに英語のマニュアル本が1冊おいてある。ほかには、メモ用紙の束や鉛筆、消しゴム、それにファイル用のキャビネットがあるだけだ。この密室から外に通じている空間はドアの下のすきまだけである。

すると、ドアのすきまから中国語（漢字）で書かれた質問用紙らしきものが差し込まれた。漢字がわからないサールは、英語のマニュアルにしたがって中国語の本を開き、メモに書かれている文字列の答えとして書かれている漢字をまねてメモ用紙に書きつけ、すきまから外に戻した。するとこれを受け取った外の人間は、「この部屋には漢字を読み書きできる中国人がいるようだ」と受け止めた——

この話には、どこにも明らかな矛盾はなさそうである。しかしこれはじつは、非常に有名なある思考実験を簡潔に

図12-1 ⬇中国語で適切なやりとりができても、内部の人間は中国語を理解していない。

図／十里木トラリ

書き直したものだ。それによると、さきほどの〝万能マニュアル本〟は、自分が備える情報処理の手順（アルゴリズム）で外部の人間と意思疎通している、したがってこのマニュアル本は自ら考える能力をもっている……ということにはならないと証明するのが、この思考実験の意味である。

1980年に、**AI（人工知能）**の可能性[＊1]について重大な議論を引き起こすことになるこの**「中国語の部屋」と呼ばれる思考実験**（図12-1）を提出したのは、そこに自らの名前で登場するカリフォルニア大学教授の哲学者ジョン・サールである。彼は、近年とりわけ話題のAIについて、たとえそれらが人間のようにふるまっても、それは物事を**人間のように理解していることを意味してはいない**とする〝人工知能批判〟を展開して世界的に知られている。

◆◆◆「疲れたよ」「お茶でもいかが」

中国語の部屋から40年近くもの時間が経ち、最近のAIは一見して知能をもつかのようなふるまいをやってのける。おしゃべりボット[＊2]のシリや、AIスピーカー[＊3]のエコーは、人間が話しかけるとそこそこ適切な答えや行動を返してくる。これらの内部にはひとそろいのアルゴリズム（操作手順）があり、いくつかの単語に反応して自分の情報データベースやインターネットの情報を確率と統計で処理し、もっともよさそうな答えを見つけ出す。たまにとんちんかんな返事をするものの、たいていは状況に合った答えを返してくる。「疲れたよ」と言えば「お茶でもいかが」などと言い、悪口めいたことを言えば悪態をついたりもする。

だが、これらの**機械システムが意識をもつとは誰も思わない**だろう。シリもアレクサも、相手の質問や自分の答えを理解しているわけではない。中国語の部屋の仮想的アメリカ人のように、マニュアル通りに反応しているだけだ。

他方でこの問題は、そもそも**人間の〝意識〟**とは何かを問いかける。われわれは自己を認識し、喜びや悲しみ、恐

＊1 **AIの可能性**
イギリスの数学者アラン・チューリングは、AIと人間の試験官が文字情報のみで対話したとき、試験官が相手を人間かAIか判別できなければAIは知性をもつと判断できると考えた。この試験は「チューリングテスト」と呼ばれるが、サールはこの見方を中国語の部屋によって批判した。

＊2 **おしゃべりボット**
自動制御で会話するコンピュータープログラムで、ボットはロボットの略。会話ボット、チャットボットともいう。シリのような個人向けのボットのほか、企業が消費者・利用者と迅速なやりとりをするためのボットなどもある。

＊3 **AIスピーカー**
音声を認識して利用者と会話するほか、命令に従って家電を操作したり、音楽や動画を再生したりする装置。スマートスピーカーとも。

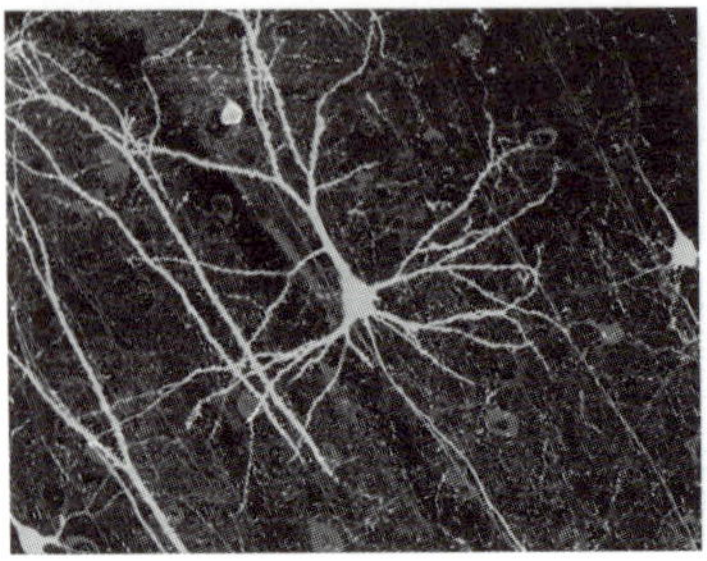

図12-3 ⬅マウスの大脳皮質のニューロン（白色）。写真／Wei-Chung Allen Lee, et al., PLoS Biology Vol. 4 (2005)

図12-2 神経細胞

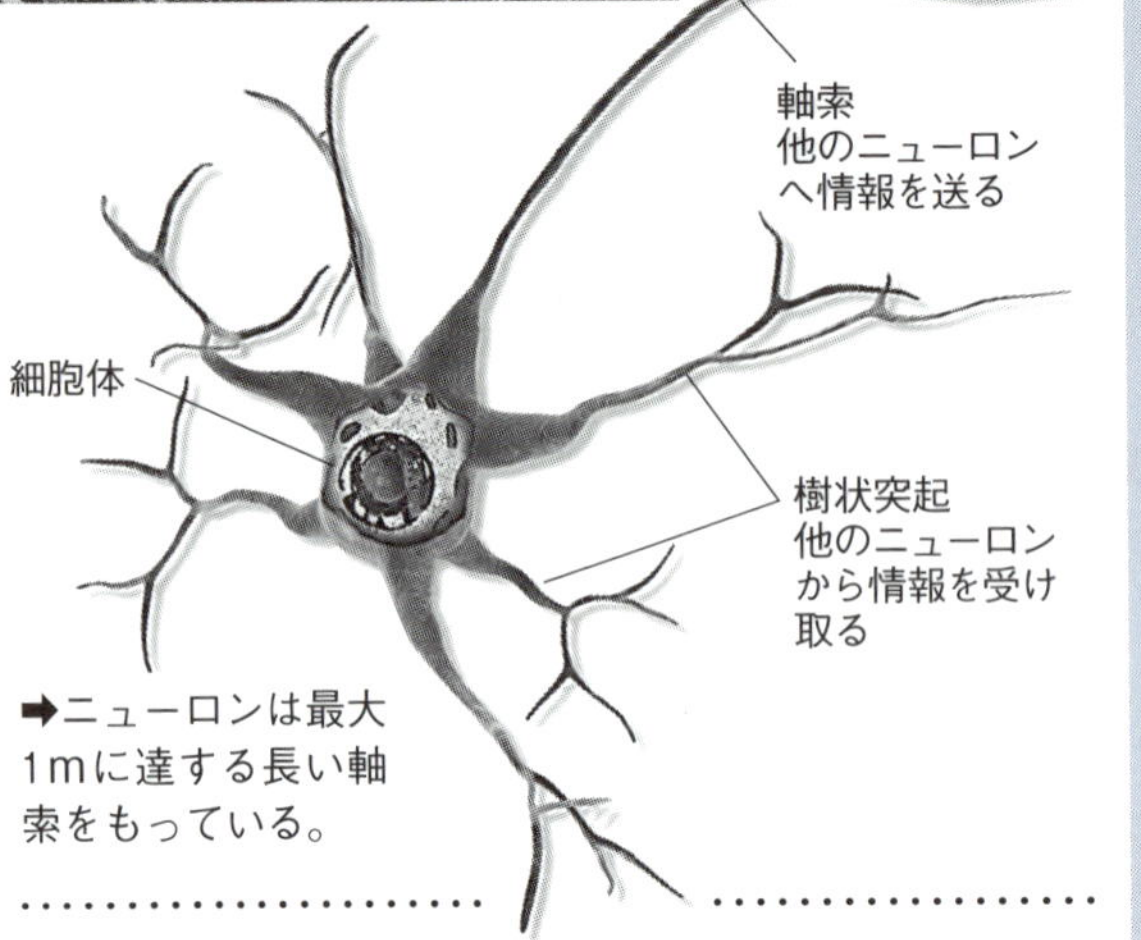

➡ニューロンは最大1mに達する長い軸索をもっている。

図12-4 神経伝達物質

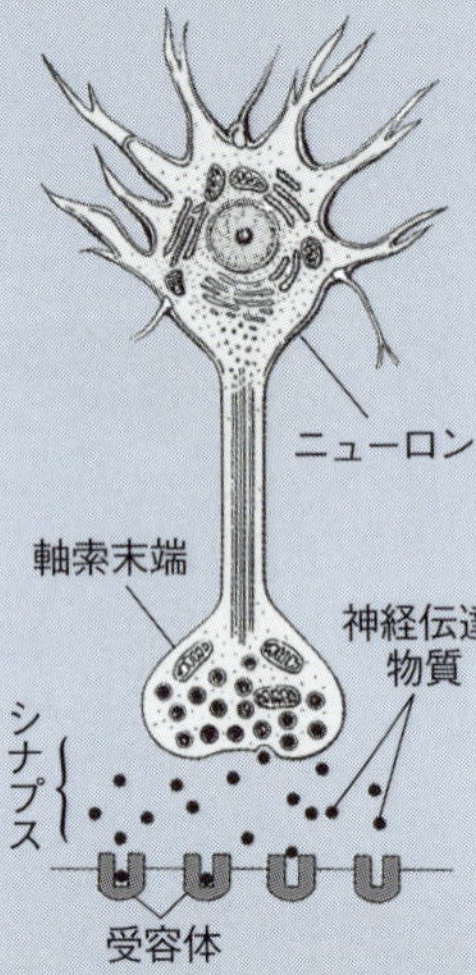

⬆ニューロンの軸索先端部が放出した神経伝達物質を、別のニューロンの受容体が受け取る（模式図）。

れや不安などさまざまな感情をもち、疑問を抱き、問題を解決しようとする。

こうした意識の作用はかつては〝魂〟のなせる業と考えられていたが、21世紀のいま、「**意識は脳が生み出す**」とする見方に異論をはさむ人は、（ある種の宗教信者は別として）まずいないだろう。また人間だけでなく、比較的大きな脳をもつイヌやネコ、ゾウやクジラ、あるいはカラスなどさまざまな動物たちも、感情や意識をもっていることに疑問の余地はない。

だがよく考えると、**動物の脳もまた物質でできている**。それは人工知能よりはるかに複雑で、たえず変化する柔軟なシステムではあるものの、人工知能と同様〝モノ〟であることに変わりない。ではなぜ脳は意識をもつのか？

◆◆◆ 単純なしくみの複雑な組み合わせ

人間や動物の脳は、**ニューロン**と呼ばれる**神経細胞**（図12-2、3）の集合体である。人間の場合、**大脳**のニューロンの数は千数百億個に達する。1個のニューロンからは多数の枝が伸びて他のニューロンとつながっており、ニューロンどうしの間で（**シナプス**と呼ばれるすきまを介して）信号を送り合っている。

メディアなどでよく話題になるセロトニン、ドーパミン、ノルアドレナリンなどの〝脳内物質〟は、ニューロンどうしの間でやりとりされる「**化学信号**」である。これらは正しくは「**神経伝達物質**」と呼ばれ、現在では200種類以上が見つかっており、いずれも他のニューロンを興奮させたり、逆に落ち着かせたりする役割をもっている（図12-4）。

図12-5 **脳**

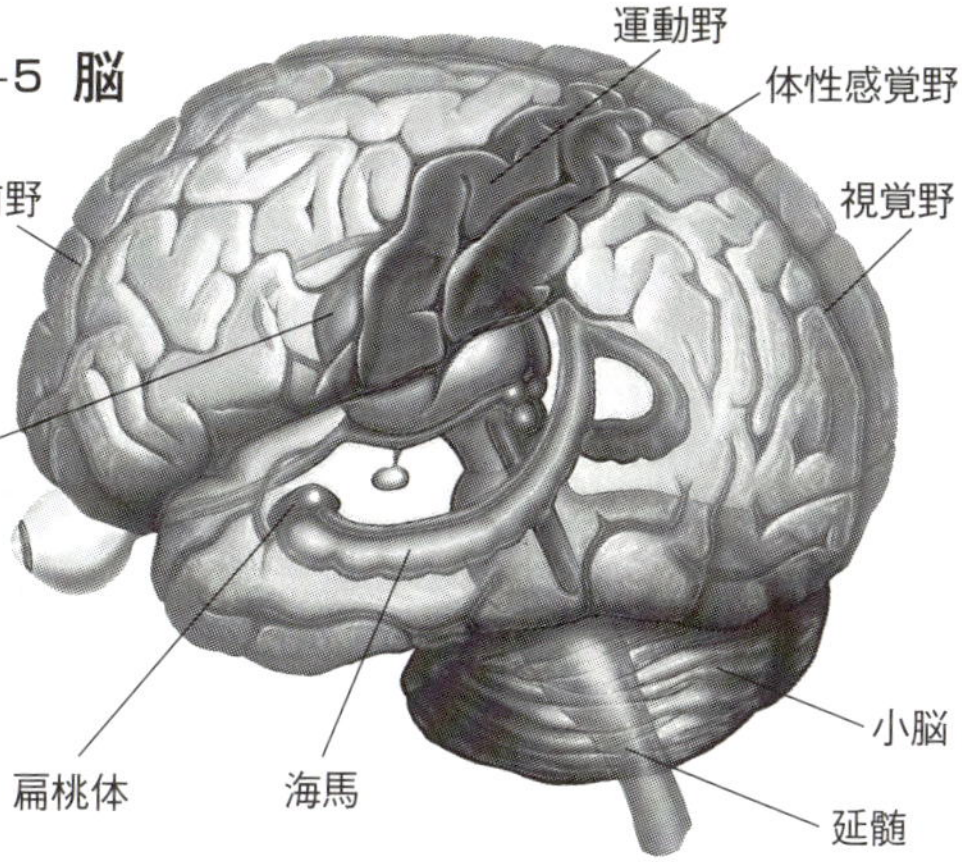

神経細胞は、これらの化学信号のほかに「**電気信号**」も用いている。電線を通る電気は電子の流れだが、生体内ではカリウムやナトリウムなどのいわゆる**ミネラル**が利用される。生物の体内ではミネラルは電気を帯びており、それがニューロンを出入りすると電気が流れるのだ。

脳はまたいくつもの〝場〟つまり部位に分かれており、それぞれ担当する機能がおおむね決まっている（**図12-5**）。たとえば、**海馬**は長期的な記憶をつくり出し、左脳の側頭葉の大脳皮質は言語を支配している。そして、大脳でもっとも重要とされる**前頭前野**と呼ばれる部位は、さまざまな情報をもとに思考や推論を行い、創造性をつかさどると見られている。

ただしこれらの役割分担は完全に固定されてはおらず、同じ能力を別の部位が受け持つこともあるし、ある部位が壊れると、これに代わって別の部位が壊れた部位の役割を発達させて代役することもある。こうした脳の柔軟な性質は「**可**《か》**塑**《そ》**性**」と呼ばれる。塑とは、粘土のように自在に形を変えるという意味だ。

DNAの二重らせんを発見した科学者**フランシス・クリック**（図12-6）は、「**脳は単純なしかけの複雑な組み合わせ**」と言った。発信と受信、そして興奮と抑制――これらが個々のニューロンの基本的役割であることは明らかになっている。ただし、それらが〝全体として〟どのようにふるまっているのかは、まだわかっていないことが多い。

ニューロンは、非常に緻密で複雑な回路を形づくっている。前記のクリックは、ニューロンどうしのこうした**複雑な相互作用にこそ、意識を理解するカギ**があるという。

だが、脳をまねて非常に複雑な回路（生体分子を使うなどして）をつくり、そこにさまざまな信号を入力すれば、いつかはその回路に〝意識〟や〝自我〟が生じるだろうか――映画『2001年宇宙の旅』で宇宙船をコントロールする人工知能ハルが反乱を起こしたように。現実にはそんなことはありそうもない。ハルがいかに**精巧なAIでも単なる機械**にすぎない。

◆◆◆感覚が意識を生み出す？

では、生物の意識はどのように誕生したのか？　さまざまな見方があるが、有力な仮説のひとつに、意識は**体と脳の相互作用**から生じるとするものがある。「**体性感覚**」や「**内臓感覚**」こそが脳に意識を芽生えさせるというのだ。

これは、アイオワ大学の**アントニオ・ダマシオ**らが「**ソマティック・マーカー（体の標識）仮説**」と名付けたものだ。生物の体はつねに自身を生存に適した状態に保とうとしている。その調節機構の一部が感情として現れ、意識へと進化したというのだ。

たとえば生物にとってもっとも重要な感情である恐怖はどうか。森の中で突然クマなどの野生動物に出合ったとき、恐怖のために息が一瞬止まって鳥肌が立ち、心拍数が高まる――だが、これは実は逆かもしれない。

図12-6 ←生命科学の第一人者フランシス・クリックは意識の問題にも深く切り込んだ。
写真／矢沢サイエンスオフィス

視覚や嗅覚、聴覚といった感覚器官が相手の攻撃の徴候を察知すると、体内にアドレナリンやノルアドレナリンが分泌される。それによって心拍数や血圧、血糖値が上昇する。これらはすべて連鎖的な化学反応によって起こり、自分への脅威として脳に記憶される。その結果、体に起きた**生理現象を脳が不安や恐怖の〝感情〟と解釈**するようになるのかもしれない。

われわれの中には、日常、空腹になると気分が落ち込み、空腹が満たされると充足感を得て幸せな気分になるといった単純な精神反応を示す人が少なからずいる。人によっては栄養価が高いものをおいしいと感じるし、毒（少量で薬になることもある）は苦みや刺激をもつことが多い。

こうした例に見るように、**感情は自分の体を保全するように発達している**。この感情の現れが徐々に〝意識〟へと進化した――ダマシオはそう主張している。

これには説得力があるように見える。われわれはうっかり熱いものに触れると反射的に手を引っ込め、後から熱いとか痛いという感覚が脳に伝えられ、ようやく意識が生ずる。そこでは**意識は副次的**である。

とはいえ、これは意識の進化についてのひとつの仮説であり、意識が生物学的あるいは物理・化学的にどんな状態かはまったく説明されていない。

図12-7 ペンローズ・タイリング

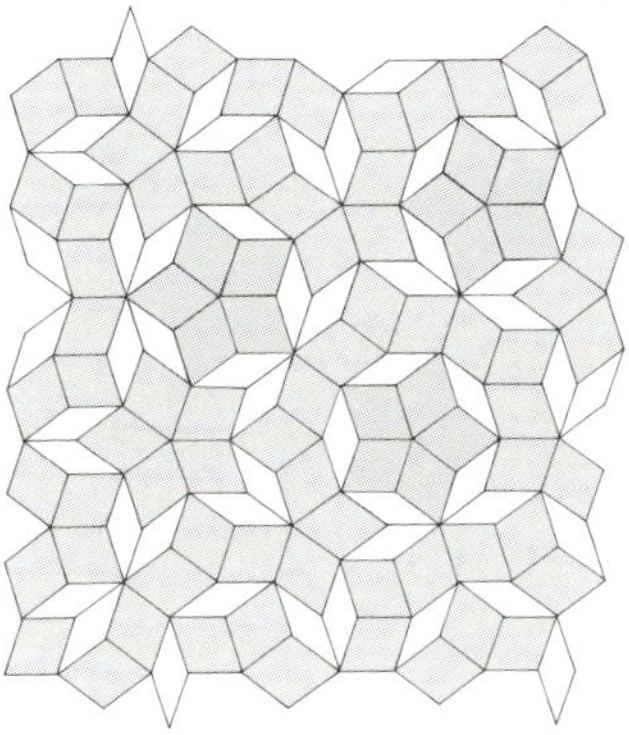

←2種類のタイルを使い、周期的パターンを描かずに平面を埋めていく。

図12-8 エッシャーの階段

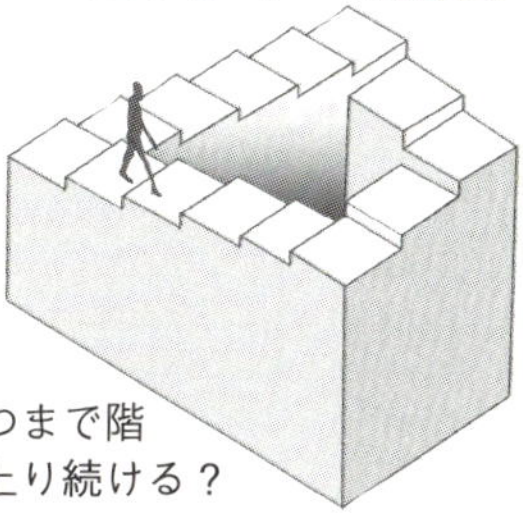

➡いつまで階段を上り続ける？

では意識は、物理学的実体としてとらえることはできないのか？ ある研究者は、意識はさまざまな場所のニューロンが1000分の1秒単位の精確さで同期することによって起こるというが、実証性が足りない。そこに登場した理論が次に見る、意識を単なる生理現象とは本質的に異なるものとしてとらえる「**量子脳理論**」である。

◆◆◆量子脳理論とゲーデルの「不完全性定理」

この理論を提唱したのは、卓越した数学的才能と物理学への深い造詣をもつイギリス、オクスフォード大学の**ロジャー・ペンローズ**である。

彼は**ペンローズ・タイリング**（図12-7）や**エッシャーのだまし絵的階段**（図12-8）のアイディアでも知られている。近年ではそれらは中学の一部教科書でも紹介されているので、目にしたことのある人もいるであろう。

ペンローズの父は遺伝学者、母は医師で、兄はヘリオット-ワット大学の数学教授、弟は10回もイギリスのチェスチャンピオンになった心理学者だ。ペンローズは幼い頃からこうした学究的雰囲気の中で育ち、10歳にしてさまざまな多面体を自分で作って遊んだりしていた。

ロンドン大学ではポール・ディラック[*4]から量子力学を、またヘルマン・ボンディ[*5]から一般相対性理論を学んだ。1960年代に彼は両者の統一を目指す「**ツイスター理論**[*6]」を発表、また先ごろ死去した**スティーヴン・ホーキング**と共同で**ブラックホールの「特異点定理」**（42ページ記事参照）など物理学の岐路となる重要な理論を提出した。

だが、彼が一般の人に知られるようになったのはおそらく1989年の著書『**皇帝の新しい心**』（邦訳・みすず書房）であろう。彼はここで脳と意識、そしてコンピューターの問題を取り上げ、他の科学者たちの議論や批判を引き起こすことになった。

数学者・理論物理学者であるペンローズは、人間の意識を数学やアルゴリズム的なものとしてとらえようとしたのか？　実はそれとはまったく逆である。ペンローズは「**意識は本質的に非計算的**である」とする。彼が注目したのは、きわめて難解だが人を惹き付けずにはおかない「**不完全性定理**」（左ページ**コラム**）である。

オーストリアの数学者**クルト・ゲーデル**が提出した不完全性定理とは、数学の公理体系、つまりひとそろいのルールにもとづいて議論される数学的な問題において、「**ある公理体系全体が正しいかどうかを、その公理体系を使って証明することはできない**」とするものだ。わかりやすい例で言うなら、誰も自分の目で自分の目を直接見ることはできないということだ。

ペンローズはこれをこう換言する。私たち**人間には〝正しいとわかる〟のに、数学的手法では真実と証明できない**ことがある、と。それはいったいなぜか？　ペンローズは言う――「人間の意識は、機械のように計算にもとづいてはたらいているのではない」

ここでペンローズはいささか飛躍する。単純な計算にもとづかな

＊4　ポール・ディラック（1902～84年）
イギリスの理論物理学者。1928年に電子についての相対論的波動方程式（ディラック方程式）を提出、30年には空孔理論を出して反粒子の存在を予言した。1933年、シュレーディンガーとともにノーベル物理学賞を受賞。

＊5　ヘルマン・ボンディ（1919～2005年）
オーストリア出身の数学者・物理学者。両親がユダヤ人で、1938年にイギリスに亡命した。相対性理論とくに重力波の研究で大きな成果をあげたほか、フレッド・ホイルなどとともに定常宇宙論を提唱した。

＊6　ツイスター理論
時空の各点をツイスターという光が束となった入れ子状の渦巻きとみなす時空の理論。これらの点は複素数を表す「リーマン球」（51ページ参照）に対応させることができる。ペンローズらはこの時空理論により量子重力理論の完成を目指す。

い物理現象として、**意識には量子的現象、しかも一般相対性理論と量子論を統一できたときにはじめて現れる「量子重力理論」**[*7]**が関係する**に違いないというのだ。彼ははじめそれがどんな現象か具体的には述べなかったが、アメリカの麻酔医・心理学者の**スチュアート・ハメロフ**に「**微小管**」の存在を示され、その仮説を大きく羽ばたかせた。

微小管は体内でも異色の存在だ。この物体は細胞の形を支える「細胞骨格」のひとつで、**チューブリン**と呼ばれる多数のたんぱく質からできている。だが〝骨格〟といっても、微小管は骨と違い、つねに同じところで同じ構造物として存在するわけではない。人間の細胞内では、糸状の微小管はたいていは中心付近にあって放射状に伸び、細胞を支えている。ところが、細胞が分裂するときには、微小管からなる中心部が2つに増えて移動し、細胞の端と端に糸巻きのような形で現れる。そして2倍に増えた染色体をぐいっと引き付ける。細胞内では、この微小管はくり返し壊れては新たに伸びる。いわば変幻自在な存在なのである。

ニューロン（神経細胞）の内部にも微小管があり、おもに物質を運搬する役割をもっている。微小管の上には運搬用のたんぱく質があり、このたんぱく質が物質を乗せ、まるでレール上を走るトロッコのように微小管上を走っていく。ペンローズとハメロフは、この微小管こそが量子現象の〝場〟であるというのである。

◆◆◆ 奇妙な量子のふるまいが意識を生む？

量子論が支配するミクロの世界では、常識に反する現象がいくつも知られている。そのひとつが「**重ね合わせ**」で

*7 **量子重力理論**
一般相対性理論と量子論を統合する理論（63ページも参照）で、重力を量子論的に説明する。ツイスター理論のほか、超ひも理論（超弦理論）、ループ量子重力理論などがあるが、いずれも未完成。

column

ゲーデルの不完全性定理

「数学は完全無欠の存在」——20世紀のはじめ数学者たちはこう考え、その証明を探し求めていた。だが1930年、この数学者の夢は、オーストリアの若き数学者**クルト・ゲーデル**（**右図**）の手によってあえなく崩れた。

ゲーデルによれば、数学の公理系（ひとそろいのルール）には証明も反証もできない、つまりは**“決定不能”の命題**が必ずあるという。さらに彼は本文にあるように、公理系が正しいかどうかを公理系自身で証明できないことも示した。これらの「**不完全性定理**」は**数学の本質的な欠陥**を示唆している。ゲーデルは若年期から精神不安定で、症状は年々悪化し、最期は妄想が高じて病院の一室で餓死した。

ある（24ページ記事参照）。われわれの身のまわりでは物体がとり得る状態がいくつもあっても、実際の物体はつねにひとつの状態にある。だが量子論の世界では違う。**ひとつの粒子が〝同時に〟いくつもの状態をとる**ことができる。つまり複数の状態が重なり合っていることになる。

微小管をつくっているチューブリンは2つの形態をとることができる。そこでペンローズとハメロフはこう考えた。チューブリンのこれら2つの形態は、重なり合って量子論的な状態になり得る。しかもひとつの微小管のチューブリンだけでなく、数万個のニューロンの中の**チューブリンが〝からみ合う〟**、つまりたがいに関係し合っている。[*8] そこで、あるきっかけで1個のチューブリンの状態が決定すると、からみ合っているチューブリンすべての状態が〝収束する〟、つまり**重ね合わせが解消されてひとつの状態になる。これが「意識」として現れる**――

彼らの見方は世界中の脳研究者を仰天させた。それまで、意識と量子論を結びつけて議論した研究者はいなかったからだ。ペンローズらの仮説は非常に難解であるうえ、いまのところこれを裏づけるような実験結果は出ていない。また、大量のチューブリンがたがいにからみ合うことなどあるのか、量子的重ね合わせがそれほど長い時間続くのか、そもそも意識が未解決だからといって、同じように説明困難な量子論の〝収束〟を持ち込むのはどうかといった冷めた見方もある。

とはいえ、多数のニューロンの同期的発火など、古典的な物理や化学では説明しがたい現象をこの理論が説明していることは事実だ。

いまでは、微小管が何らかの役割を果たすかどうかはともかく、意識に何らかの量子現象が関係するかもしれないと考える研究者は少なくない。すでに**植物が量子的な重ね合わせを利用してきわめて効率的に光合成を行う**ことがわかっており、また**渡り鳥が地球の磁場を感じとるしくみにも量子もつれが関係**している可能性が高いと見られている。生命は量子現象をあたりまえに利用しているらしいのだ。

脳内のニューロンでも、きわめて**高速の電気信号は量子的重ね合わせによって加速**されているのではないかとする指摘がある。われわれの意識は茫漠として測りがたい。だがペンローズらの仮説は、意識の問題をまったく新たなステージで論じるきっかけとなっているようなのである。●

*8　このときひとつの粒子の状態が観測などによって判明すると、それによってほかの観測していない粒子の状態も決定する（24ページも参照）。

補章

写真／SpaceX

イーロン・マスクとは誰？ EV（電気自動車）・スターリンク・火星植民化への道

◆◆◆壮大な夢を現実化する男

本書のトピックとしてはやや異色だが、ここでは世界中の人々が興味を示さずにおかないひとりの男、21世紀初頭を象徴する人物に触れておきたい。というのも、彼が、あらゆる科学的基礎を踏まえ、奇怪なまでの熱情によって自らの〝ビジョン〟を実現しようとし、すでにかなり実現しつつあるようにも見えるからだ。その男の名はイーロン・マスク（**図13-1**）。

イーロン・マスクがかくも世界的関心事となったのは、彼が音楽や映画やスポーツなどでスーパースターになったからではない。**週120時間働く――日本の近年の〝働き方改革〟にはそぐわない**――という彼のビジョンとビジネスが、人間社会を未来へといっきに押しやるかもしれないと感じる人々が、世界に少なくないからであろう。

彼の事業計画を以下のように並べてみれば、彼が「地上と宇宙の両空間で人間・物資・情報の〝輸送〟を大変革しようとしている」ことが読みとれる。そのビジョンは大きく3つである。地上の「EV」、地球軌道の「スターリンク」、そして宇宙空間の「スペースX」だ。

ビジョン1 テスラのEV

テスラモータース社のEV（電気自動車）については、多くの読者がしばしば見聞しているに違いない。テスラは、

これからの**地上移動用・運搬用のあらゆる車はＥＶに変わることを現実によって見せつけようとしている。**そしてその口車（?）に乗せられた人々や企業、国々も少なくない。おかげでテスラ社の株価はこの数年天井知らずに上昇し、**イーロン・マスクはあっという間に“世界一の金持ち”になった。**長年の世界的富豪リストに名を連ねてきたマイクロソフトのビル・ゲイツや実業家ウォーレン・バフェット、アマゾンの創業者ジェフ・ベゾフ等々を飛び越えてだ。

図13-1　⬆地上と宇宙を自在に飛び回ろうとする男イーロン・マスク。彼の企業活動の先には、大気圧が地球上の１％しかない極寒の火星の地上が待ち受けているようだ。　写真／Steve Jurvetson

図13-2　⬅巨大な次世代ロケット「スターシップ」は全高120ｍ、総重量5000トンと史上最大。　写真／Hotel Pika

だが彼の**世界一は束の間だった。**2022年秋にはテスラ社の株価が急落し（年初来55％！）、彼の資産も激減して**世界一の金持ちの座から転げ落ちた。**株価はビジネスのリアリティをよく示している。

EVに何が起こったのか？ つい先ごろまでEVの未来は洋々としていると見られていた。だが2022年の（ロシアのウクライナ侵攻に始まった）エネルギー価格高騰《こうとう》によって引き起こされた世界的な物価上昇で人々は生活不安を抱くようになり、割高感のあるEVを買わなくなった。2022年秋以降、世界のEV販売店にはEVの在庫が急増しており、売れるのは安価な中古EVという傾向が報告されている。これでは、EVの未来を引っ張るはずのテスラの株価にすぐに響くのは当然である。

有害な排ガスを出さないEVは大気環境によいという触れ込みだが、**その製造過程、とりわけバッテリー生産過程で大量の有害物質を出し、バッテリー生産に欠かせないコバルトの採掘現場では危険な有害物質を排出する**（イーロン・マスクは〝コバルトフリー〟のバッテリーを実現させると言ってはいるが）。**トータルして見れば内燃機関の車より地球環境によいとも言えず、さしあたり社会的ムードがそうなっているだけ**とも言える。

またいまや**世界中の自動車メーカーがEVを当然のように生産**するようになり、**ベテランメーカーの豊富な車づくりの経験によって、**テスラ車を価格の割に相対的にチープでトラブルを起こしやすい（バッテリー交換費は超高価）と思わせるようになってもいる。テスラはすでにEV先導車の役割を終えており、**他メーカーのEVを抑えて売れ続ける理由が見えない。人々がこうした事実に気づき始めたことがテスラの株価下落を引き起こし、**大株主イーロン・マスクを世界一の金持ちの座から引きずり下ろしたということのようだ。

図13-3 ⬆テキサス州にあるテスラ社のEV製造拠点ギガファクトリー。 写真／Larry D. Moore

ビジョン2
「スターリンク」で地球のネットワーク化

マスクの第2のビジネスは「スターリンク」だ。これは、

図13-4 ⬆低軌道に打ち上げられたスターリンクの50基の小型通信衛星。これからばらばらに分離して地球周回軌道に送り出される。
写真/Official SpaceX Photos

図13-5 ➡地球全体を多数の通信衛星でカバーする「スターリンク」の第1段階のイメージ。黒線で示す72本の軌道に約1600基の衛星が並ぶ。
写真／Lamid58

地球全体を網目状に覆う軌道に数百数千の通信衛星を配置し、これらが**全地球的な情報通信ネットワーク**として働くというものだ。イーロン・マスクはこの情報通信サービスは「世界中の個人とビジネスに安全で安心なインターネットへのアクセスを提供する」と言う。

計画では、高度550㎞以下の地球低軌道に1万2000基の小型通信衛星を打ち上げてそれらをネットワーク化する（**図13-4、5**）。1回の打ち上げで60基ほどの小型衛星を軌道に送りこむもので、これまでに500基以上が打ち上げられている。個々の小さな衛星は大きな太陽電池パネルを広げて列をなして軌道を回る。

スターリンク衛星が低軌道を飛行するのは、宇宙交通の安全を優先し、インターネット・サービスを受けるユーザー間の信号の遅れを最小化するためという。しかし高度が低いとかすかな大気の抵抗によって衛星は早期に落下軌道に落ち込む。そこで**短寿命の衛星が次々に落下する**という前提で、これを補完する衛星を打ち上げ続けねばならない。頻繁に落下すると**宇宙デブリ（宇宙ゴミ）が増えたり他の衛星と衝突したり**という問題も生じる。

また、低軌道に多数の衛星のソーラーパネルが展開されると、その反射光によって**天文学者や天体マニアの宇宙観測を妨げる**ことにもなる。スターリンクはこれらの問題を軽減するためソーラーパネルの向きを変えるなどの対策をとったと主張する。つまりパネルの平面を横に向けて太陽光が当たらないようにするという。このプロジェクトはまだその途上にあり、いつ完成するのか、途上でインターネット通信とは無縁の別の問題を引き起こさないのかなどについて今後の様子を見なくてはならない。

ビジョン3
「スペースX」は宇宙輸送ビジネス

イーロン・マスクの文字通り宇宙スケールの壮大なビジネス――それを実現しようとする企業が「スペースX」である。この企業の仕事は2つある。ひとつは**ロケット打ち上げシステムを安価に運用して人間や貨物を月や火星に送り込み、人類を〝惑星間生物〟へと進化させる**こと、いまひとつは**宇宙ロケットなどの輸送手段を自ら製造する**ことである。

スペースX社は2002年にイーロン・マスクが設立した。この企業は政府機関や民間企業に代わって人間や貨物を宇宙空間や宇宙構造物、そして月や火星に輸送し、**その支払いによって売り上げを確保**しようとしている。

さしあたりの最大の顧客はNASA（アメリカ航空宇宙局）である。2011年にスペースシャトルが引退して以来、NASAはコストのかかる人間と貨物の宇宙輸送の一部をスペースXなどの民間宇宙企業に発注することにした。

この会社の打ち上げロケット「ファルコン9」は、すでに何度かNASAの貨物をフロリダ半島の歴史的なケネディ宇宙センターの発射台39Aから宇宙へと運び上げた。そして最後のスペースシャトル飛行から9年後の2020年には、ファルコン9ロケットの先端に搭載したカプセル型宇宙船「クルードラゴン」に2人の宇宙飛行士を乗せて見事に国際宇宙ステーションまで運んだ。

ちなみにこの宇宙船は**地球帰還の際にはパラシュートを開いて軟着陸し、何度も使用することができる**。これも打ち上げコストを下げる大きな要因になっている。

つい先日（2022年12月11日）、スペースX社のロケットは**東京のベンチャー企業「アイスペース（ispace）」が開発した無人の月着陸船の打ち上げを引き受けてもいる**。

このとき月着陸船は打ち上げ47分後にロケットから切り離され、38万km離れた月に向かった。2023年4月に月着陸に挑むという。この着陸船にはアラブ首長国連邦が作った小型の探査機と日本の宇宙機関JAXAが制作した小型ロボットも乗っている。いずれにせよ成功すれば、民間による世界初の月面着陸となる。

アメリカは**半世紀ぶりに月面に戻る「アルテミス計画」**を進めているが、それを担うNASAは自ら本格的な月面着陸システムを準備してはいない。**このシステムはイーロン・マスクのスペースX社が開発している**。彼らが構築しているのは巨大なロケット「スターシップ」（109ページ**図13-2**）と乗員用の宇宙船で、おそらく2023年中に地球上空で初飛行を行うと見られる。

NASAはこれらのシステムを用いて月面に基地を建設し、そこで将来火星へと向かう準備計画を立てることにしている。

ちなみにスペースX社は、TRW社（航空宇宙や軍事技術などの複合企業）からイーロン・マスクがロケットエンジン技術者などを引き抜いて設立したものだ。**伝統ある企業からベンチャー企業への才能流出の典型**である。

イーロン・マスクは、**この企業の目標は「宇宙での輸送コストを引き下げて火星を植民化すること」**と述べている。**火星植民化の構想はかなり古くからあり**（ちなみに筆者はかつて『人類が火星に移住する日』（技術評論社2015年）を出版して火星植民化技術などをくわしく考察している）、イーロン・マスクはその壮大な未来構想の先兵になろうとしている。

イーロン・マスクはさまざまな分野に手を出す男である。それも非常に大きなスケールで。ここでとり上げた以外にも彼はいくつかのプロジェクトに着手している。彼のような決断力と行動力を誰もが容易に真似ることはできないものの、アイディアと意欲があるなら、**その行動様式はあらゆる分野で参考になる**のではなかろうか。●

補章2

核爆弾の理論としくみ

すべては特殊相対性理論に始まった

パート1◆原爆①

最高の頭脳とマンハッタン計画

◆◆◆北朝鮮が核攻撃する日本の都市

「北朝鮮は、**核ミサイル攻撃の標的として日本の都市を列挙**しており、それには**東京**、**大阪**、**横浜**、**名古屋**、**京都**が含まれる――」

2017年11月に公表されたヨーロッパ外交評議会（ECFR）の報告書には、北朝鮮の内部資料をもとに作成された同国の核ミサイル攻撃の標的リストが掲載されている。その中には、アメリカ軍基地や韓国ソウルなどのほか、とりわけ日本の大都市が〝明示的（explicitly）〟という表現とともに記載されている。わざわざ日本の都市を強調して記しているのは、これらが標的の候補ではなく具体的な標的だと言っているようなのである。

また北朝鮮は、都市機能や通信システムを一瞬で盲目状態にする**電磁パルス（EMP）攻撃を行う可能性**があるという。電

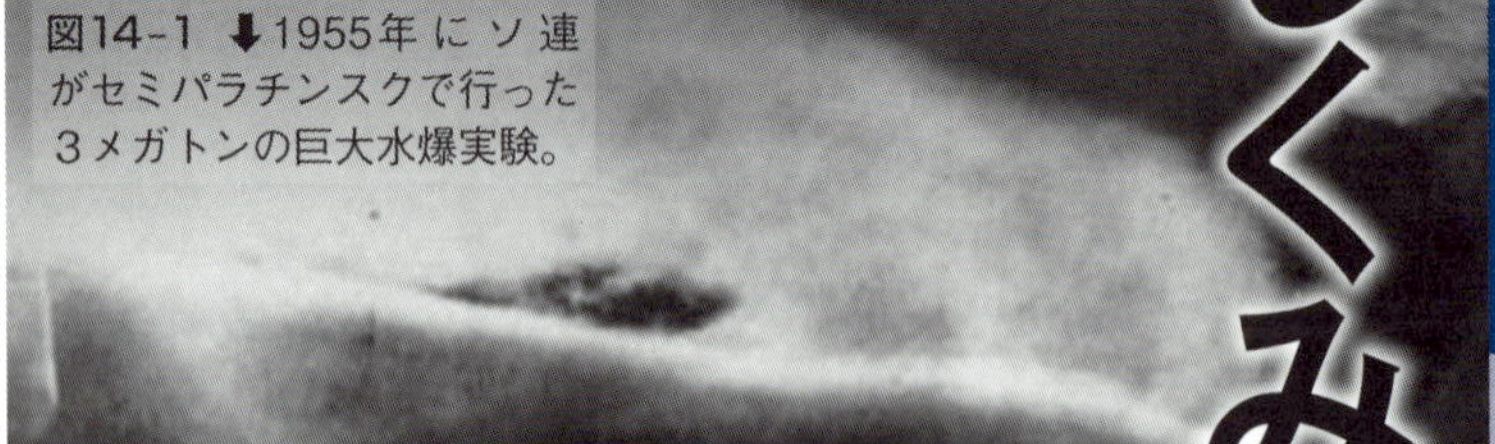

図14-1 ⬇1955年にソ連がセミパラチンスクで行った3メガトンの巨大水爆実験。

磁パルス攻撃は核ミサイルを都市の高高度で爆発させるもので、標的に精確に命中しなくても広範囲の地上施設を一瞬で機能不全にできる（116ページコラム）。

現在のこの状況を語るまでもなく、われわれ日本人にとって核爆弾（原爆および水爆）、とりわけ原爆はもともと、世界のどの国民よりも身近で生々しい存在である。**歴史上はじめて頭上に2発の原爆が投下されて途方もない被害を出した**だけではない。**現在の日本列島は、中国、ロシア、北朝鮮、そしてアメリカの保有する何千発もの核爆弾と核ミサイルにとり囲まれている。**それらはただ1発で東京や大阪を壊滅させ、そこで生きる何十万、何百万の人間――本書の読者や筆者が含まれる可能性は小さくない――を蒸発させたり黒焦げにして殺戮し、国家として再生不能なほどの廃墟をもたらす。

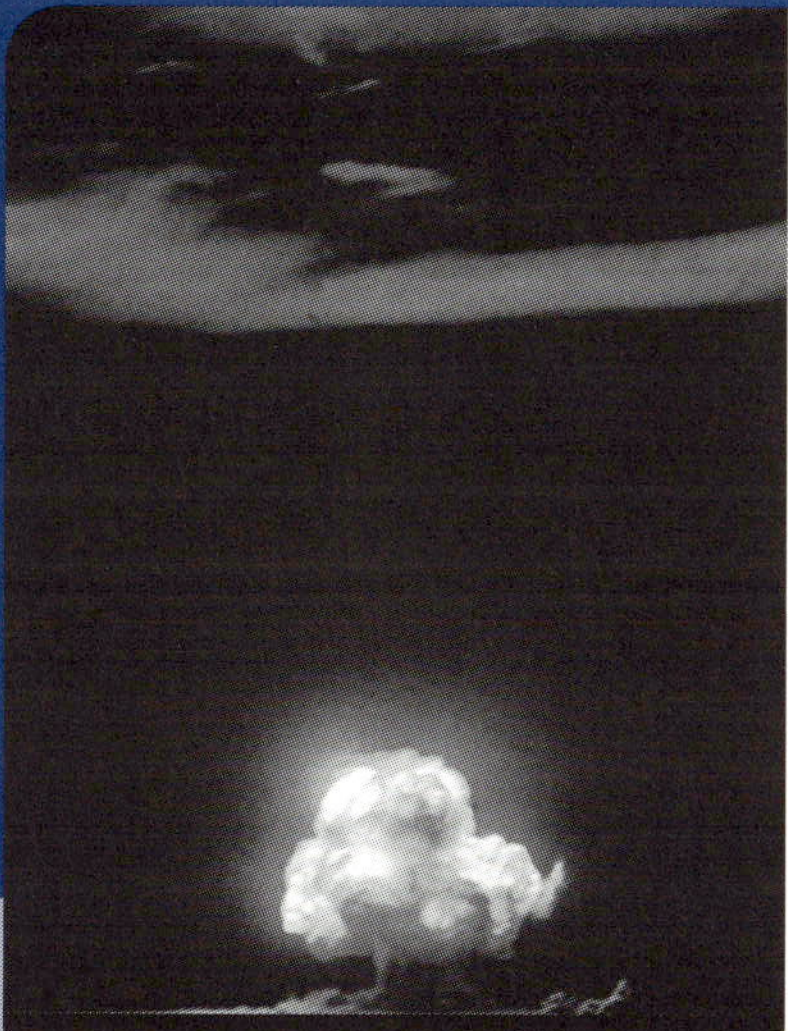

図14-2 ⬆人類史上初の原子爆弾“トリニティ”の爆発直後。この実験は第二次世界大戦末期の1945年7月16日にアリゾナ州ソッコロ南の砂漠で行われた。トリニティは長崎に投下されたプルトニウム爆縮型の第1号であった。

写真／U.S. Dept.of Energy

だが多くの日本人は、これほど身近な存在である核爆弾がどのような兵器か、**その物理理論や工学的な構造をほとんど承知していない。**戦後長く続いた〝平和ぼけ〟やそれらを前にしたときの無力感から、単に目を閉じていたい、あるいは知的好奇心に欠けるということかもしれない。

ここでは、たとえ知りたくないと思う人にも、**自らが生きている間の現実となり得る問題**として、その理論と技術、現在に至る経過を簡潔に記しておくことにする。

◆◆◆ 広島のリトルボーイ、長崎のファットマン

人類がかつて生み出した桁外れの破壊兵器である原爆（原子爆弾）がはじめて起爆したのは、第二次世界大戦末期の1945年7月16日である。**〝トリニティ〟と名づけられたその原爆第1号**は、アメリカ南部ニューメキシコ州ソッコロ南の砂漠で、開発に加わった何百人もの科学者たちの見守る中、〝見事に〟炸裂した（**図14-2**）。双眼鏡で遠望していた科学者たちは歓喜の声をあげた。いまならサッカーの世界大会で優勝したときのサポーターのように。

それからわずか1カ月あまり後、**2発目が広島上空で、3発目が長崎上空で炸裂した。**はじめからこの2都市が標的と

決まっていたのではない。われわれが日常使用しているコンピューターの原理を考え出した天才数学者**ジョン・フォン・ノイマンらが作成した候補都市のリスト（広島、新潟、小倉など）**のうち、その日に好天で、グアム島北のテニアン島から飛び立ったB-29爆撃機から**地上をよく目視できたのが、広島と長崎だった**という不運な理由からだ。

8月6日に**広島に投下された"リトルボーイ"はウラン型原爆、その3日後長崎に落とされた"ファットマン"はプルトニウム型原爆**であった。アメリカ人は何にでもニックネームをつける。リトルボーイもファットマンもニックネーム（コードネーム）である。だが**なぜ最初がウラン型で次がプルトニウム型だったのか？** もちろん理由がある。

実際の投下に先立ち、ファットマンとそっくりな外観と重量の模擬原爆（TNT爆薬やセメントを詰めたもので、カボチャ爆弾と呼ばれた）が数十発製造され、**日本各地に原爆投下練習として使用され、数百人が死亡**した。天才パイロットと言われたクロード・イーザリーもB-29爆撃機を操縦し、本土上空の天候を観測後、**東京上空を飛んで皇居を標的にカボチャ爆弾を投下したが、狙いが狂って呉服橋（東京駅北側）に落下**した。アメリカはこうして何度も訓練を重ねた上で本番を実行した。ちなみにイーザリーは戦後、原爆投下で多数の人命を奪ったことに苦しみ、強盗や精神疾患などを経験して不幸な最期を迎えている。

そこで少しさかのぼり、**この途方もない破壊兵器――戦後にはさらに強力な核爆弾（水爆。後述）が開発される――がどのようにして出現したのか**、その経過を急ぎ足で追うことにする。

◆◆◆◆◆ すべては特殊相対性理論から始まった

原子爆弾が、当時の世界を代表する物理学者や化学者、数学者、技術者などの貢献なしには決して完成しなかったであろうことに疑問の余地はない。彼らの貢献を順を追って**表14-1**に並べてみた。これを見れば、その経過がおおむねつかめるはずである。

ことの始まりはアインシュタインの特殊相対性理論である。この理論、すなわち$E=mc^2$が原爆の真の出発点であった。

column

電磁パルス攻撃

核ミサイルを都市などに到達させず、地上30〜40kmの高度で核爆発させる攻撃。核爆発で発生したガンマ線によって地上送電線などに数万ボルトの電流が流れ、あらゆる電子機器が破壊されるため、都市や工場地帯、住宅地はすべて大規模停電を起こして麻痺する。高度100km以上で核爆発を起こせば、日本のほぼ全域が機能停止すると見られている。アメリカは1962年にこの方式の実験を北太平洋上で行い、1500km離れたハワイの空まで赤く染まった。

この数式は、（第2章で見たように）エネルギーの大きさは物質の質量に光速の2乗を掛けたものだと述べている。光速は毎秒30万kmなので、それを2乗する（30万km×30万km）と目もくらむ数値になる。わずか1グラムの物体にこの数値を掛け合わせたら答えはいくつか。読者の手元の電卓では計算できないほどの巨大な数値になるはずだ。**読者の小指の先が、人間の日常感覚からかけ離れた莫大なエネルギーを秘めている**ことになる。

物理学者たちはこの理論に刺激されて、物質をつくる原子の構造を考え、ウランやプルトニウムなどの**重い元素の一部が「核分裂」を起こす**ことや、そのときに余分の中性子やエネルギーを放出して**周囲の元素を次々に核分裂させる**ことなどを発見し、実験で証明していった。

そしてついに1930年代、ハンガリーからアメリカに亡命していた**レオ・シラードが核反応は連鎖的に起こり得ると考え、その原理を用いれば、巨大なエネルギーを瞬時に放出する原子爆弾をつくれる**ことに気づいたのである。

◆◆◆アインシュタインの「大統領への手紙」

1939年、時のアメリカ大統領ルーズベルトにアインシュタインから1通の手紙（**図14-3**）が届いた。彼にその手紙を書くように勧めたのは前記のレオ・シラードとユージン・ウィグナー、それに戦後になって世界初の水素爆弾を開発し〝水爆の父〟と呼ばれることになるエドワード・テラーである（パート3参照）。1980年代、筆者は地中海シチリア島の古城で開かれた世界核戦争会議でテラー博士に会い、一言言葉を交わした途端に現地イタリアの警官2人がとんできて、メガネを外して話そうとし始めたテラー博士を引き離して車に押し込むという出来事があった。博士はイタリア人物理学者を介して筆者をオブザーバーとして会議

表14-1 原爆開発への貢献者たち

第1の人：1905年のアインシュタインの特殊相対性理論（$E=mc^2$）が原爆の真の出発点。
第2の人：1911年、イギリスのアーネスト・ラザフォードが原子核の存在を確認。他にニールス・ボーアらは原子の構造を提唱。
第3の人：フランスのアンリ・ベクレル、ピエール・キュリー＆マリー・キュリー夫妻。ウラン（ウラニウム）が放射線を出して別の元素に変わる放射性崩壊を発見。
第4の人：イギリスのジェームズ・チャドウィックが、原子核には陽子のほかに中性子が含まれ、両者は強い力で結合していることを発見。
第5の人：1934年頃、イタリアから亡命したエンリコ・フェルミが、ウランの原子核に中性子を衝突させると新たな元素に変わり、同時にエネルギーが放出されることを示し、特殊相対性理論の「質量＝エネルギー」の予言を実証。原爆の原理の直接的発見。
第6の人：1938年、リーゼ・マイトナー、オットー・ハーン、フリッツ・シュトラスマン。核分裂の起こり方を発見。
第7の人：ハンガリーから亡命したレオ・シラード。1930年代に核反応を連鎖的に起こす方法を提唱。原爆の理論的基礎確立。
第8の人：ジョリオ・キュリーとエンリコ・フェルミが連鎖反応が非常にゆっくりと進む「核分裂炉（原子炉）」を開発（プルトニウム生産に必要）。

に招いてくれたが、イタリア警察が妨げたのだった）。

アインシュタインが署名したその手紙にはおおむねこう書いてあった。**「ナチスドイツが途方もない破壊力をもつ原子爆弾を開発している。アメリカはベルギーの植民地コンゴからウランを確保し、科学者を総動員して数学、物理学、工学にあたらせるべく政府が支援すべきである」**

ちなみに当時、**ドイツと日本、イタリアも原爆研究を行っていた**が、アドルフ・ヒトラーは開発に時間がかかりすぎるとして乗り気でなく、物理学者仁科芳雄を中心とした日本やイタリアも基礎研究の段階で敗戦を迎えた。

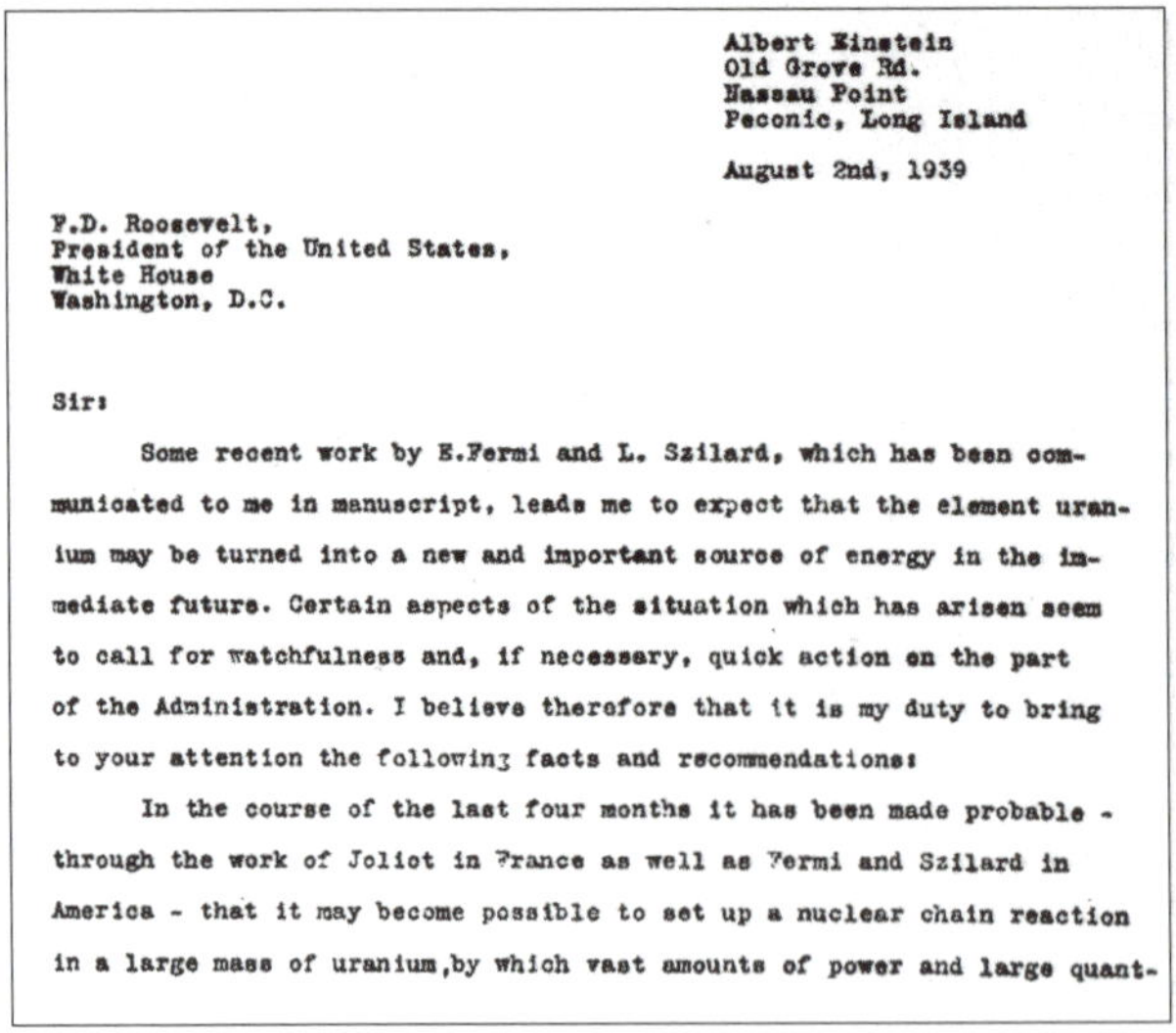

Albert Einstein
Old Grove Rd.
Nassau Point
Peconic, Long Island

August 2nd, 1939

F.D. Roosevelt,
President of the United States,
White House
Washington, D.C.

Sir:

Some recent work by E.Fermi and L. Szilard, which has been communicated to me in manuscript, leads me to expect that the element uranium may be turned into a new and important source of energy in the immediate future. Certain aspects of the situation which has arisen seem to call for watchfulness and, if necessary, quick action on the part of the Administration. I believe therefore that it is my duty to bring to your attention the following facts and recommendations:

In the course of the last four months it has been made probable - through the work of Joliot in France as well as Fermi and Szilard in America - that it may become possible to set up a nuclear chain reaction in a large mass of uranium,by which vast amounts of power and large quant-

図14-3 ⬆1939年8月2日付けのルーズベルト大統領宛のアインシュタインの手紙（書き出し部分）。ベルギー領コンゴからウラン鉱石を入手すればかなり速やかに新型爆弾（原爆）を開発できると書いている。おもにレオ・シラードが下書きしたこの手紙には、その爆弾は重すぎて航空機では運べないので船舶で敵の港湾に運んで炸裂させれば、港湾とその周辺地域をすべて破壊できるとしている。しかし完成した原爆は4トンあまりだったので、B-29爆撃機で運ばれて日本に投下された。

ルーズベルトはアインシュタインの手紙の勧告に従い、クラッシュ・プログラム（突貫計画と直訳される国家緊急総動員計画：**マンハッタン計画**）に着手させ、ニューメキシコ州の砂漠地帯の**ロスアラモスがその中心地**となった。筆者は80年代にこれらの核兵器研究所3カ所（他はローレンス・リバモア国立研究所とサンディア国立研究所）を訪れた。いずれも巨大な研究都市を形成しているこれらの施設の核技術に関わる科学者たちは、非常に率直な態度で内部を案内してくれた。ロシアや中国の諜報活動が全世界に広がっている現在ではとうてい考えられない時代であった。

問題のマンハッタン計画は、途方もないスケールと人員（科学者・技術者などの直接的参加者12万5000人、関連作業者も含めると60万人と推定される）と、**アメリカの第二次世界大戦の戦費の10%を投じ、決定からわずか5年で原爆を開発した。**

参加した科学者の中には、**共産主義にかぶれて原爆情報をロスアラモス近くの町の裏通りからソ連に流し続けたクラウス・フックス**（図14-4左）のような者もいた。フッ

図14-4　⬅左／マンハッタン計画の中核にいたスパイ、クラウス・フックス。彼の情報によりソ連も中国も短期間で原爆と水爆を開発した。フックスは若年期から共産党員であった。右／ユダヤ系のローゼンバーグ夫妻。血縁者がマンハッタン計画の工場ではたらくソ連のスパイで、彼から得た情報をソ連に流し続けた。1953年に電気椅子で処刑された。写真／左・Los Alamos National Lab.、右・Roger Higgins

クスは戦後、東ドイツに逃れ、今度は**中国に原爆情報を流した**ことがわかっている。中国はその情報をもとに早くも1960年代はじめに原爆実験に成功し、その後**水爆も開発**して、アメリカ、ソ連と並ぶ核大国となった。

　パキスタンや北朝鮮の核開発も、ソ連や中国を介して流れた情報から出発していると見られる。基礎研究なしに彼らが原爆を開発できるはずがないからだ。内向的精神の科学者**フックスの長年の情報漏洩**が、現在に至る**世界の安全保障状況を大きく変えてしまった**のである。

　戦後のアメリカでは、フックスに刺激されたのか、やはり**共産主義に感化されたローゼンバーグ夫妻**（**図14-4右**）のような自主的スパイが現れ、2人は逮捕されて同じ電気椅子で処刑された。しかしこうした出来事をも含め、マンハッタン計画はあまりにも大きな物語であるため、核爆弾の理論・技術とは切り離し、ここでは触れないことにする。

◆◆◆ 誰が原爆を開発したのか？

　話を原爆開発に戻そう。ロスアラモスを拠点とする原爆開発計画の最高責任者は陸軍のレスリー・グローブス准将、**直接開発を指揮した科学責任者は物理学者ロバート・オッペンハイマー**（120ページ**図14-5**）であった。

　ほかに高名な科学者として、前出のエンリコ・フェルミ、ブダペストから亡命した4人のユダヤ系である前記のエドワード・テラー、ユージン・ウィグナー、前記の数学者ジョン・フォン・ノイマン（**図14-6**）、それにレオ・シラードである。フェルミは「彼らは火星から宇宙船で地球に降り立った火星人だ」と冗談を言っていた。彼らはそれほどに優秀な人々だった。

　20人あまりの**イギリス人チームを率いたのはジェームズ・チャドウィック**。彼らは、まったく抽象的な数学的理論であった**核爆弾の原理を実際の兵器技術へと解釈し直す**上で重要な役割を果たすことになる。

　当時、世界最高の頭脳をもった科学者と数学者、それに工学者が呼び集められ、彼らの文字通りの集中作業から生み出さ

図14-5 ➡アインシュタインと話す原爆開発計画の科学責任者ロバート・オッペンハイマー。 写真／AIP/矢沢サイエンスオフィス

図14-6 ⬆現在のフォン・ノイマン型コンピューターの生みの親で20世紀最大の数学者とされるジョン・フォン・ノイマン。原爆開発に決定的な数学的貢献をした。日本の投下候補地の選定も行っている。

写真／LANL／U.S. Dept.of Energy

れた原子爆弾。しかし、これが現実化してから半世紀以上たったいまとなっては、**必要な資金と相当にすぐれた科学者や技術者、それに必要な技術を供給する産業界が存在すれば、原爆製造は難しくない。**

パキスタンや北朝鮮のように技術的、経済的に優越してはいない国々（おそらく１９４０年代末のソ連や50年代末の中国も）の原爆開発が好例である。問題はその国の政府に核兵器保有の政治的意思があるか否かだけである。

アメリカはマンハッタン計画により、ドイツや日本が実現できなかった原爆の直接製造にわずか27カ月しか要さなかった。あるアメリカのジャーナリストは、これは**（ドイツや日本のように伝統的手法でしか物事を進められない社会と違い）、怖れることなく未知の手法に決断を下すアメリカ社会だからこそ可能になった**のだと述べている。

パート2◆原爆②

ウラン型とプルトニウム型の違い

◆◆◆広島に投下されたリトルボーイ（ウラン原爆）

核爆弾は2種類に大別される。原爆（核分裂爆弾）と、これよりはるかに強力な水爆（熱核融合爆弾。後述）にである。

ここではまず、広島・長崎に投下された原爆の原理と構造を見ることにする。アメリカやロシア、イギリス、フランス、中国、イスラエル（非公表）、インド、パキスタン、北朝鮮などが保有している（または水爆の起爆用に用いている）と見られる原爆は、使用する爆薬によって2種類に分けられる。**ウラン原爆とプルトニウム原爆**である。

史上はじめて広島に投下された核兵器であるウラン原爆リトルボーイは、はじめは〝ジンマン（やせっぽち）〟と呼ばれたが途中で改名された。123ページの**図14-8**で見るようにリトルボーイの構造はかなり単純で、通称ガンタイプと呼ばれる。砲弾を撃ち込んで起爆するようなしくみだからである。

この型の原爆は、その名のとおり核爆発を起こす爆薬（核分裂物質）としてウランを用いる。**ウランは地球上でもっとも重い元素のひとつ**で、いくつもの仲間（同位体：原子核をつくる陽子の数は同じだが中性子の数が異なる）が存在する。どの同位体も、**自然界に安定しては存在できない放射性核種**である。外部から中性子が入り込むと、その原子核がただちに核分裂を起こして別の元素に変わり、その際に余分の中性子とエネルギーを放出する。余分の中性子は周囲のウラン原子の原子核にのみ込まれ、そこでまた核分裂を起こす。これが**いっきかつ無数に引き起こされる（核分裂連鎖反応）と、原爆の炸裂となる。**

ウラン原爆に使われる燃料はウラン235だが、これは地殻中や海水中に存在する天然ウランのうちのごくわずか（約0・7％）でしかない。残りのほぼすべては核分裂をほとんど起こさないウラン238と、ごく微量のウラン234である。

問題は、一度の爆発で一都市を吹き飛ばすほどの巨大なエネルギーを放出するには、爆薬としてのウランが核分裂の連鎖反応を瞬時に起こさねばならないことだ。徐々に連鎖反応が進んだのでは爆発力は得られず、原爆にならない。このことは**原爆開発の最大の関門**である。

これを実現するには2つの条件がある。第1は、原爆になり得るのは天然ウラン中に0・7％しか存在しないウラン235だけなので、これを**80％以上に高める（＝高濃縮）**必要があることだ。**マンハッタン計画でもこの高濃縮が最大の難関となり、**4つの方法を同時に進めたが、とにかく彼らはそれに成功した。**計画全体に要した巨費の90％以上がこのために費やされた。**

ここまでくれば、あとは理論に従う技術的作業が残されているだけだ。**図14-7**に見るように、**核爆発を起こすにはやや足りない2個の核燃料を少し離して配置し、それを通常爆薬の爆発力でいっきに合体**させれば、2個の合計が1個の原爆となり、瞬時に炸裂する。**広島原爆は、爆撃機から投下して地上600mまで落下したところで爆発するように設計**され、実際その通りになった。**アインシュタインの特殊相対性理論が実証された瞬間**である。

ところでリトルボーイは重量が4・4トンもあり、内部には計**64kg**もの高濃縮ウランが充填されていた。実際に広島上空

図14-7 ⬆長崎型原爆に使用されたボタン状のプルトニウムとガリウムの合金。直径5cm足らずしかない。写真／U.S. Dept. of Energy

で炸裂したときに放出されたエネルギーは、通常の爆薬に換算して16キロトン、すなわち1万6000トン分のエネルギーに相当した。つまり**64kgのうちたった1・5％（約0・9kg）がエネルギーに変わっただけという低効率**であった。だが、そのエネルギーの93％はすべてを吹き飛ばす運動エネルギー（爆風）に、残り7％が高熱を生み出すガンマ線となって、広島をあれほどに破壊した。ちなみに最新の設計による原爆に必要な核爆薬の燃料は、ウラン原爆では1発15kgあまり、プルトニウム原爆ではわずか4kgほどとされている。

◆◆◆長崎を標的にしたファットマン（プルトニウム原爆）

他方、長崎に投下された原爆――コードネーム〝ファットマン（でぶっちょ）〟――は、ガンタイプの広島型と異なり、**プルトニウムを爆薬としていた。それは高効率だが技術的に難しい爆縮タイプ**であった（**図14-9**）。

プルトニウムは自然界にはほとんど存在しない。この非常に重い金属は、原子炉の中でウラン238が中性子を捕らえてウラン239に変わり、それがさらに2段階の放射性崩壊を経たとき、一部がプルトニウム239に変わる。この人工的元素も、ウラン235と同様、やはり一定量が集まると核爆発を起こす。

当初、**プルトニウム原爆の製造が可能かどうか疑問視された**。イギリスチームのリーダー格ジェームズ・チャドウィックが「プルトニウムは不純物の混入を避けられないのでプルトニウム原爆は不可能」と主張したのだ。

そこで計画の総責任者グローブス准将は主だった物理学者を集めて会議を開き、結論を出した――「**純度をどこまでも高めていけばよい**」。そして実際にそのようになった。

科学チームの責任者オッペンハイマーは広島型（ガンタイプ）を優先的に考えていたが、投下前に起爆するおそれがあると危惧してもいた。そのため彼は別のチームに、ガンタイプに代わる爆縮タイプの原爆を検討させていた。**爆縮（内爆）とは文字どおり〝内側に爆発する〟ことだ**。

そのチームの検討では、**爆縮タイプのほうが、単位重量あたりの爆発エネルギーは広島型をはるかに上回る**ということになった。というのも、核燃料を多数の通常火薬で完全に包み、それらを同時に爆発させれば、内側に向かう爆発圧力（爆縮圧）が衝撃波を発生させ、それが瞬時に中心の核物質に集中する。これによって核物質の密度がいっきに高まってただちに核爆発を起こすというのであった。

ただしこの爆縮タイプ（長崎型）では、核爆薬をとり囲む通常火薬を完全に同時点火することが難しい。わずかでも**点火順序がずれると、核爆発前に通常火薬の爆発で原爆自体が飛び**

散ってしまう。そこに技術的困難があった。

結局、ウランとプルトニウムのそれぞれでガンタイプの原爆が開発されたが、科学者たちの努力と熱意は爆縮タイプ（長崎型）に集中した。これは技術的な不確実性が大きいためであり、爆縮タイプが完成すれば、ガンタイプ（広島型）は容易に後についてくると見られたからだ。事実、物事はそのように進んだ。**広島に落とされたガンタイプは爆発実験さえ行われず、ぶっつけ本番でB-29から投下された。**ニューメキシコの砂漠で撮影

ガンタイプと爆縮タイプの原爆

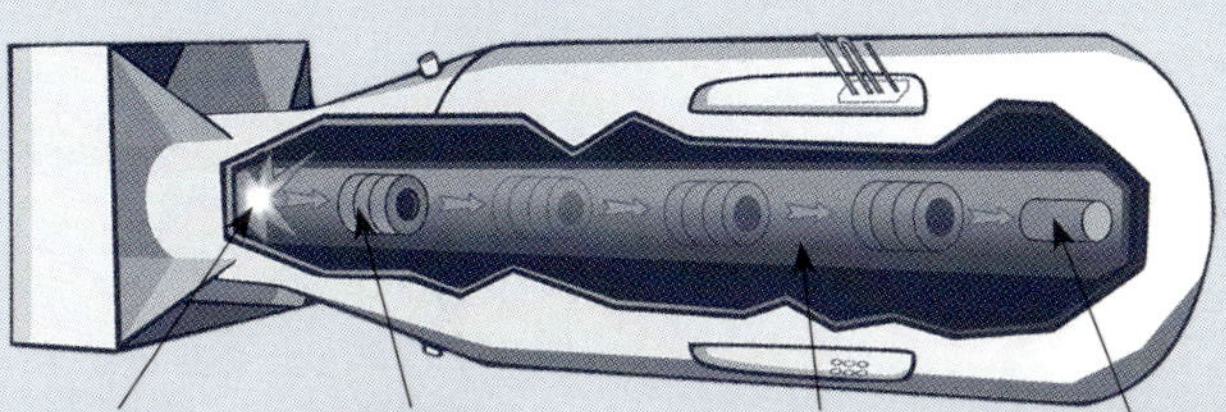

核分裂の連鎖反応が自然に起こりはじめる臨界質量よりはるかに多い“超臨界質量”の高濃縮ウラン235があると、それはすぐに核爆発を起こす。そこで原爆を設計するときにはこのウランを分割して2個の亜臨界質量（＝臨界にやや足りない質量）の塊をつくり、細長い爆弾ケースの前方と後方に離して配置する。2分割の片方だけでは何も起こらない。そして爆撃機から投下されてある高度まで落下したときに、片方の亜臨界ウランの背後に詰めた通常火薬を爆発させ、その爆発圧力でそのウランを他方のウランといっきに合体させる。するとウラン235は臨界質量に達して瞬時に核分裂連鎖反応を起こし、特殊相対性理論の予言$E=mc^2$に従って、その大半がエネルギー（実際には超高温と爆風）へと変わる。原爆が炸裂したのだ。

図14-8 ⬆テニアン島に運ばれたリトルボーイ。1945年8月6日、ここから広島上空まで運ばれた。上はこの原爆の内部構造。

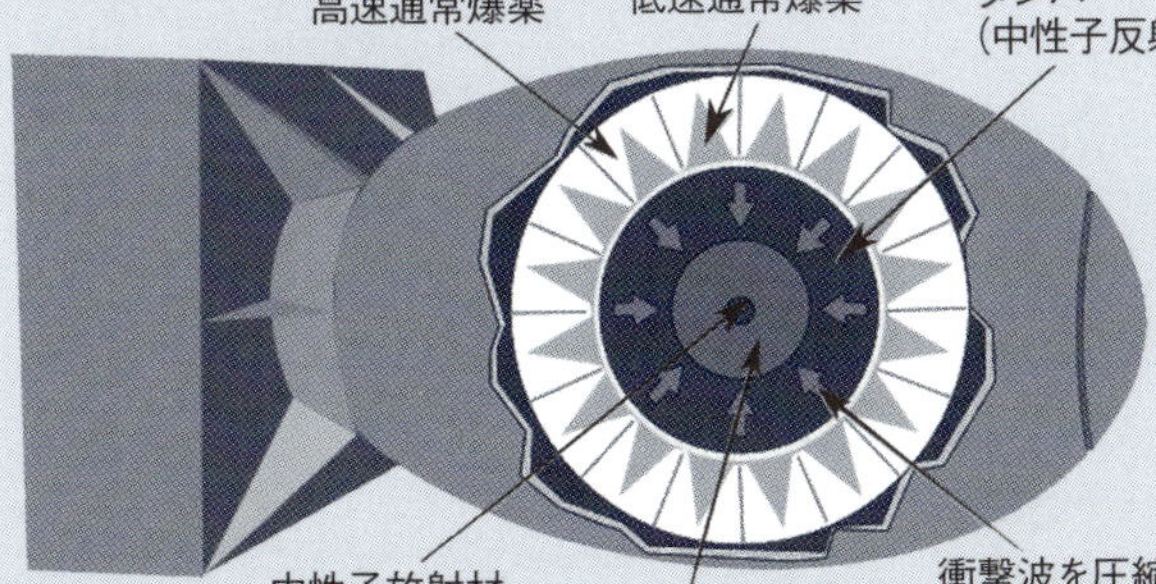

図14-9 ⬅⬆長崎に投下された爆縮型原爆“ファットマン”の内部構造。球状のプルトニウムを中性子反射材（タンパー）で包み、その外側を通常火薬ですっぽりと囲んでいる。通常火薬が爆発すると、その爆縮圧でプルトニウムが圧縮され、核爆発を起こす。

図／上・Dake/Papa Lima Whiskey、下・Ausis　写真／上・National Archives and Records Administration、下・Dept.of Defense

されたあの有名なキノコ雲は、技術的に難しい長崎型のプルトニウム爆縮型原爆によるものであった。

◆◆◆日本が保有するプルトニウム47トン

ところで、現在の日本は47トンあまりのプルトニウムを保有しているとされている。これらは商業発電用原子炉でウラン燃料を燃やした後に残る使用済み燃料を再処理して生じたものだ。国内には10トン程度、残りの37トンは再処理を依頼しているフランスとイギリスで保管されている。

これだけのプルトニウムをもつ日本は、中国のある軍人の表現では「日本は政治的判断を下せば一夜にして1000発の原爆をつくれる」となり、北朝鮮の新聞では「原爆7800発分に相当する」ということになる。国際社会に日本の潜在的核保有能力を警告しているのだ。

日本が長年目指してきた核燃料サイクル[*1]では、このプルトニウムを新たな発電用原子炉の燃料とすることにより、エネルギー資源のない**日本の純国産のエネルギーとなることが期待されてきた。**

しかし、東北地方太平洋沖地震で発生した大津波によって福島第一原発が破壊され、国内の原発の多くがいまだ運転停止となっている状況から、これらのプルトニウムを消費する見通しは不透明だ。再処理で生じたプルトニウムからすぐにでも原爆をつくれるかのような表現は、日本の国防力を警戒する周辺国や一部専門家等のプロパガンダである。非常に低効率で核兵器としては使用できない〝原爆もどき〟とミサイルの核弾頭になる小型原爆とでは、技術レベルに雲泥の差があるからだ。

パート3 水爆

究極の核兵器としての水爆

◆◆◆広島原爆の3300個分の巨大水爆

ここまでは、通常の爆弾（化学爆薬）の100万倍もの爆発エネルギーを生み出す原子爆弾に注目してきた。しかしひとたび原爆を開発した国は――われわれの眼前で北朝鮮がやって見せているように――決してそこではとどまらない。**ただちに、ないしは並行して、次の目標である水爆（水素爆弾）を開発し始める。**理由は、水爆が原爆より単に強力だからではない。**水**

＊1　**核燃料サイクル**　発電用原子炉で使われた核燃料の〝燃えカス（使用済み燃料）〟から燃え残りのウランやプルトニウムを抽出（再処理）し、これを核燃料として再利用することにより、国内の電力エネルギーの自給を図ろうとする日本のエネルギー循環サイクル。

爆は超大型化も、逆に超小型化もできるところに、最強兵器としての意味があるためだ。

史上最大の水爆は、ソ連（現ロシア）が製造して1961年に爆撃機から投下して起爆させた〝ツァーリボンバ（皇帝爆弾、イワン）〟で、**爆発力は広島原爆3300個分**にも達した。

だがこのような**巨大爆弾は兵器としてはほとんど無意味**である。爆風の大半が上空にはね返ってしまうため数字ほどの地上破壊力は生み出さない。またそれほど途方もない威力で相手国を破壊しては、19世紀に**クラウゼヴィッツが著書『戦争論』で述べているような「政治の一手段としての戦争」を超えてしまい、戦後交渉を行うべき相手国が消滅してしまう**。そのため以後、アメリカでもロシアでも、そしておそらく中国などでも、水爆はむしろ小型化と精密化の道をたどってきた。

図14-10 ⬆“水爆の父”と呼ばれるエドワード・テラー。第2次世界大戦中のマンハッタン計画でも主要な物理学者のひとりであった。
写真／Stuart Lewis／矢沢サイエンスオフィス

水爆の理論的可能性は以前から論じられていたが、実際には第二次世界大戦後の1951年にアメリカで開発された。この核爆弾の**生みの親は、すでにパート1でも触れた物理学者エドワード・テラー**（**図14-10**）である。原爆開発計画の中心的科学者のひとりでもあった彼は、いまでは**〝水爆の父〟**と呼ばれる。筆者がかつて訪問したローレンスリバモア国立研究所（核兵器研究所）を設立し、所長を務めたのも彼である。現在の戦略核兵器の中で主役的役割を担うのは、潜水艦から発射される弾道ミサイルに搭載される小型水爆だが、これもまたテラーの提案と理論から始まったものだ。

最初に触れておくべきは、**現在の水爆は、原爆＋水爆という組み合わせで成り立っている**ということだ。原爆の爆発力で水爆を起爆する。原爆なしの〝純粋水爆〟の理論も存在するが、まだ実現していない。

水爆（水素爆弾）はその名が示すように、宇宙でもっとも軽い元素、つまり**水素の同位体である重水素と三重水素（トリチウム）を燃料とする**。これはもっとも重い元素を燃料とする原爆とは真逆の組み合わせである。水爆は、これらの**軽い元素どうしを無理やりに合体（核融合）させ**、その際に放出される巨大なエネルギーを爆発力に変える。

この原理はしかし、**宇宙が誕生以来ずっと自らやってきたこ**

図14-11　水爆の点火過程

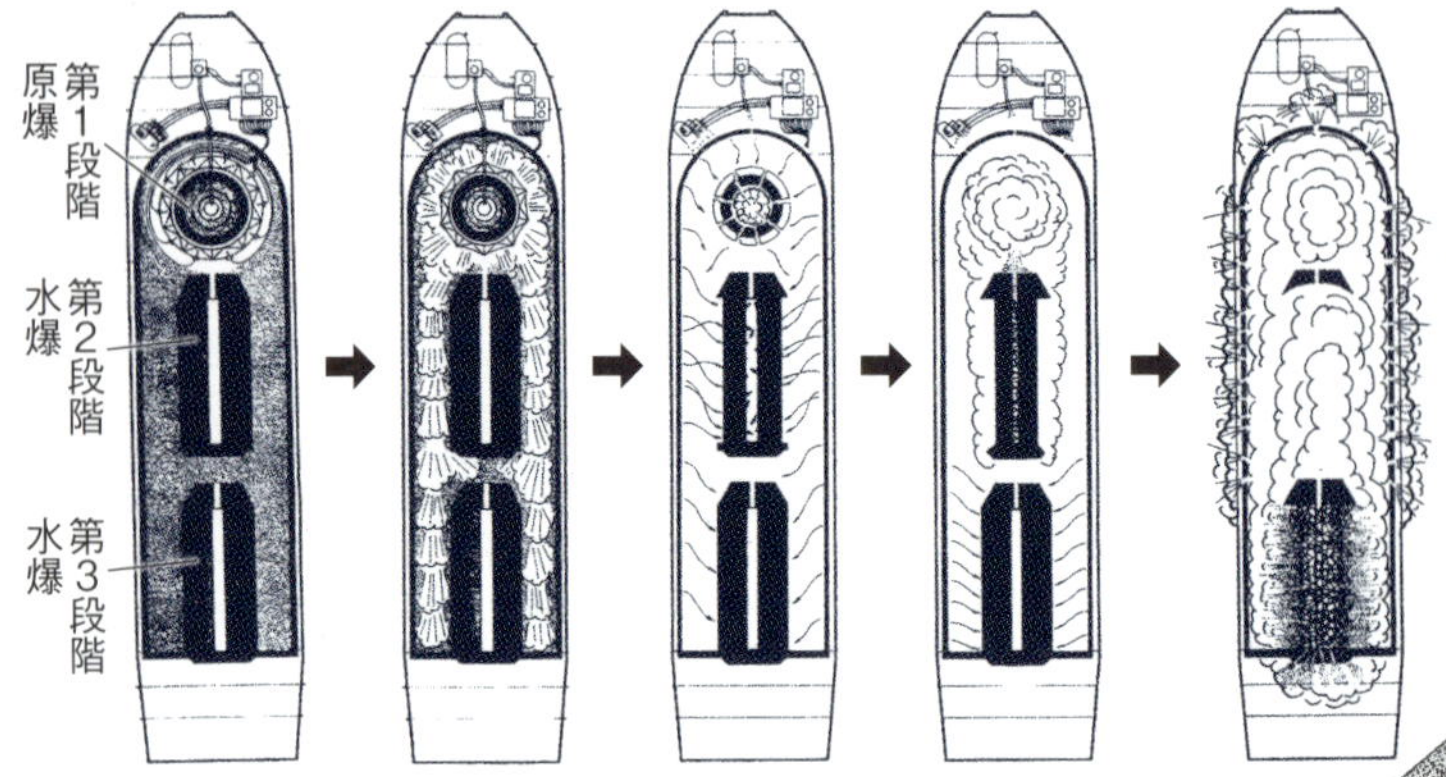

⬅上の原爆が炸裂すると、その爆発圧力、X線衝撃波、プラズマ、中性子などがすぐ下の水爆燃料に集中して水爆が炸裂、それがさらにすぐ下の第2の水爆を炸裂させる。資料／U.S. Nuclear Weapons

図14-12　水爆の点火方式の別事例

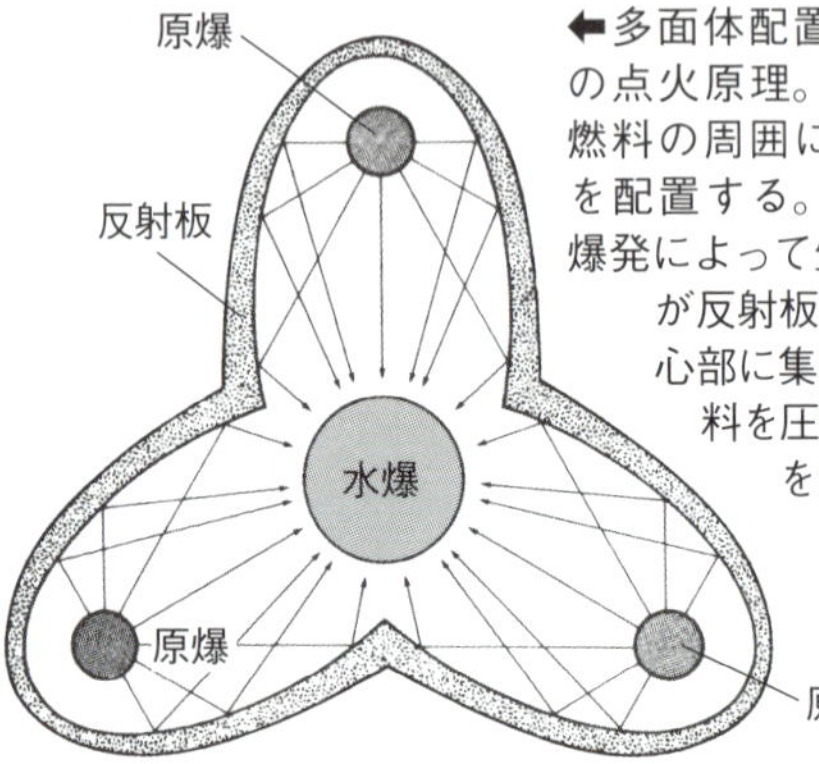

⬅多面体配置による水爆の点火原理。中心の水爆燃料の周囲に数個の原爆を配置する。原爆の同時爆発によって生じる衝撃波が反射板に反射し、中心部に集中して水爆燃料を圧縮し、核爆発を起こさせる。

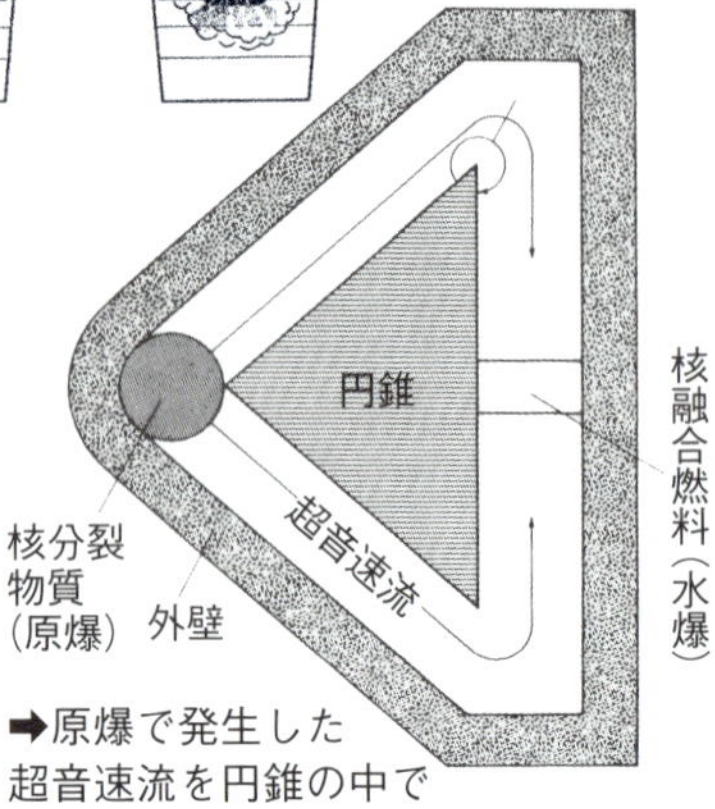

➡原爆で発生した超音速流を円錐の中で爆縮させ、全方向から核融合燃料を圧縮して水爆を炸裂させる。

資料／F. Winterberg, The Physical Principles of Thermonuclear Explosive Devices.／矢沢サイエンスオフィス

とであり、原爆のような人工的な理論や技術とは無関係に存在してきた。宇宙に何千億、何兆と存在する太陽のような星々が超高温の熱と光を発しているのは、星の中心部でこの核融合、つまり水素どうしの融合が起こっているためだ。**星々があたりまえにやっているこの仕事を地球上で、それも瞬時に起こすしくみが水素爆弾**である。

　第二次大戦以前から論じられていた水爆の理論は、戦後すぐに**テラーの天才と情熱によって現実となり、**その数年後にはソ連と中国がまねた。イギリスやフランス、イスラエル、そしておそらくインドやパキスタンもこれを手にし、すでに原爆を手にしている北朝鮮も、(おそらく初期的な)水爆を開発したと主張している。

　イランはおそらく開発途上にある。南アフリカはいちど核実験を行ったが途中で放棄した。リビアは西欧諸国の武力による威嚇で放棄させられた(そして独裁者カダフィは自国民によって虐殺された)。ブラジルやメキシコなども潜在能力はあるが、彼らは核拡散防止条約に加盟

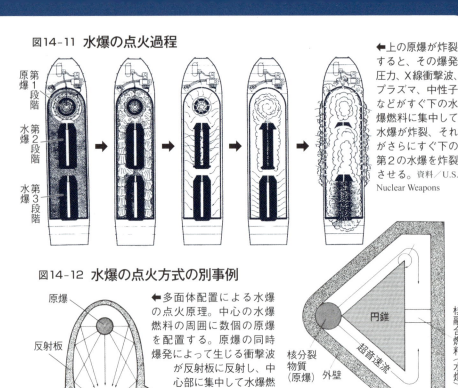

してその探求を当面見送っている。

◆◆◆原爆というローソクで水爆に火をつける

テラーははじめから原爆よりも水爆により強い関心を抱いていた。というのも、原爆開発は技術の問題だったが、**水爆は星の輝きのしくみを解明する天体物理学の応用**であり、テラーはもともと理論物理学者であった。

彼が考えた水爆のしくみは、共同研究者で天才的数学者のスタニスワウ・ウラム（やはりアメリカに亡命したユダヤ系ポーランド人）に敬意を払い、「**テラー＝ウラム配置**」と呼ばれる。現在**水爆を公然と保有している世界5カ国の水爆はすべてこの設計を用いていることが明らかで、テラーのアイディアの無断盗用（著作権侵害！）である**。その概略は図14-11のようなものだ。

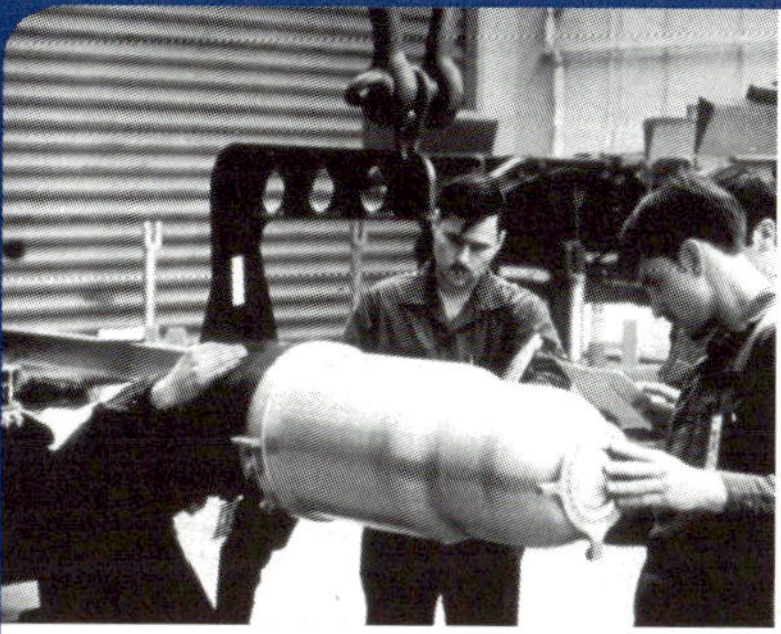

図14-13 ⬆アメリカの水爆W80。長さ80㎝、直径30㎝と非常に小さく、弾道ミサイルや巡航ミサイルなどさまざまなミサイルの弾頭に採用されている。　写真／Dept.of Defense

まず先端の球の中心に、重水素と三重水素（または水素化リチウム。市販している）の球体を水爆燃料として配置する。このままでは何も起こらない。途方もなく圧縮して密度を上げたときにのみ爆発的な反応（核融合）が起こる。

そこでこの**水爆燃料を何重にも原爆で囲む。そして原爆を爆発させると、その巨大な爆発圧力と超高温によって水爆燃料が圧縮され、太陽が燃えると同じように爆発する。**太陽はゆっくりと燃えているが、水爆ではそれは一瞬である。**原爆がローソクの炎となって水爆に火をつけた**のだ。

この構造からわかるように、**水爆は原爆の助力がなければ爆発できない**。ということは、水爆が爆発したときに放出されるエネルギー（高熱、爆風など）のかなりの部分は原爆が放出したものということになる。両方のエネルギーが合体して巨大な爆発力が生じるのだ。どこかの国の**未熟な水爆は実際はほとんど原爆かもしれない**。

水爆は、テラーの考えた設計以外にも多様な方式が考えられる。かつてアリゾナ大学のフリートワルト・ウィンターバーグ教授が筆者に提供してくれた資料に記載されていたそれらのアイディア2つを**図14-12**に示した。これを見れば水爆の原理をより容易に理解できるのではなかろうか。燃料となる**重水素と三重水素をいかに一瞬で超高密度に圧縮するか**——**それが水爆実現のカギ**である。だがそれは、少なくともどこかのテロリスト集団が実行できるほど安易な仕事ではない。●

◉執筆

新海裕美子 *Yumiko Shinkai*

東北大学大学院理学研究科修了。1990年より矢沢サイエンスオフィス・スタッフ。科学の全分野とりわけ医学関連の調査・執筆・翻訳のほか各記事の科学的誤謬をチェック。共著に『人類が火星に移住する日』、『ヒッグス粒子と素粒子の世界』、『ノーベル賞の科学』（全4巻）、『薬は体に何をするか』『宇宙はどのように誕生・進化したのか』（技術評論社）、『始まりの科学』、『次元とはなにか』（ソフトバンククリエイティブ）、『この一冊でiPS細胞が全部わかる』（青春出版社）、『正しく知る放射能』、『よくわかる再生可能エネルギー』（学研）、『図解 科学の理論と定理と法則』、『図解 数学の世界』、『人体のふしぎ』、『図解 相対性理論と量子論』、『図解 星と銀河と宇宙のすべて』、『図解 数学の定理と数式の世界』（ワン・パブリッシング）など。

矢沢 潔 *Kiyoshi Yazawa*

科学雑誌編集長などを経て1982年より科学情報グループ矢沢サイエンスオフィス（㈱矢沢事務所）代表。内外の科学者、科学ジャーナリスト、編集者などをネットワーク化し30数年にわたり自然科学、エネルギー、科学哲学、経済学、医学（人間と動物）などに関する情報執筆活動を続ける。オクスフォード大学の理論物理学者ロジャー・ペンローズ、アポロ計画時のNASA長官トーマス・ペイン、マクロエンジニアリング協会会長のテキサス大学教授ジョージ・コズメツキー、SF作家ロバート・フォワードなどを講演のため日本に招聘したり、「テラフォーミング研究会」を主宰して「テラフォーミングレポート」を発行したことも。編著書100冊あまり。近著に『図解 経済学の世界』、『図解 星と銀河と宇宙のすべて』、『図解 数学の定理と数式の世界』（ワン・パブリッシング）がある。

カバーデザイン◉**StudioBlade**（鈴木規之）
本文DTP作成◉**Crazy Arrows**（曽根早苗）
イラスト・図版◉細江道義、高美恵子、十里木トラリ、矢沢サイエンスオフィス

くらべてみると面白いほどよくわかる！
【図解】科学12の大理論

2018年10月 2 日　第１刷発行
2023年 1 月26日　第３刷発行

編 著 者◉矢沢サイエンスオフィス
発 行 人◉松井謙介
編 集 人◉長崎　有
編集担当◉早川聡子

発 行 所◉株式会社 ワン・パブリッシング
〒110-0005 東京都台東区上野3-24-6

印刷・製本所◉中央精版印刷株式会社

[この本に関する各種お問い合わせ先]
・内容等については、下記サイトのお問い合わせフォームよりお願いします。
https://one-publishing.co.jp/contact/
・不良品（落丁、乱丁）については Tel 0570-092555
業務センター　〒354-0045 埼玉県入間郡三芳町上富 279-1
・在庫・注文については書店専用受注センター　Tel 0570-000346

★本書は『図解 科学12の大理論』（2018年・学研プラス刊）を一部情報更新して再刊行したものです。